連大人也不懂？SDGs圖鑑

SDGs顧問
笹谷秀光◎監修 李彥樺◎譯 何昕家◎審定

晨星出版

再這樣下去，地球可能會完蛋！

你是否曾想過，當現在的孩子們變成大人的時候，
地球會是什麼模樣？
現在的世界，存在著太多問題與議題得面對。
貧富差距越來越大，海裡都是塑膠垃圾，
氣象異常引發各種天然災害，
戰爭及種族歧視的問題也從來不曾消失。
你是否認為只要現在過得好，以後怎麼樣都無所謂？
但是這樣的想法，會讓子孫們付出慘痛的代價。
人類如果繼續過著現在這樣的生活，
不管是這個地球，還是我們的未來，
都將面臨沒有辦法挽回的下場。

海中塑膠垃圾的數量，將會比魚群的數量還多？

全世界每年會有800萬噸的塑膠垃圾流進海裡，而且數量年年增加。根據估計，到了2025年時，海中的塑膠垃圾數量會比魚群的數量還多。

工作都被 AI（人工智能）搶走了？

AI及機器人的技術越來越進步，許多工作都朝著無人化及自動化發展，有專家推測10年之後，大約有一半的工作會消失。

工作通通交給我來做吧。

該怎麼辦才好？

到了2100年，臺灣的氣溫會上升到40°C以上？

根據臺灣國科會的推估，如果全球暖化問題繼續惡化下去，到了2100年，全臺將增溫4~5°C。而且發生豪雨、超級強烈颱風及水災的機率也會大幅上升。

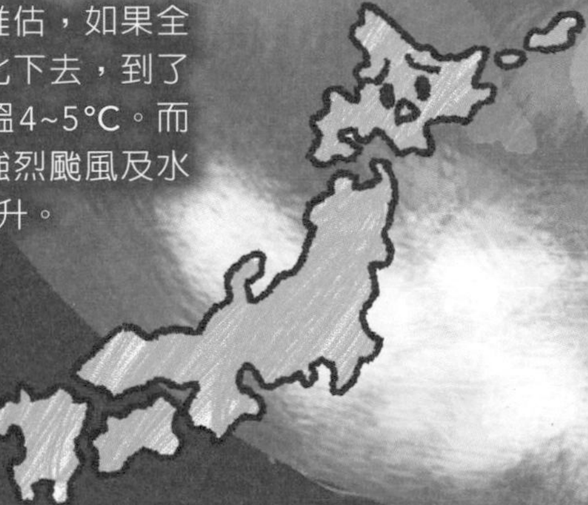

孩子變少了。

到了2040年，日本的村鎮有一半會消失？

日本的人口不斷減少，造成勞動人口及孩童的數量都越來越少。有專家推測，到了2040年，日本全國大約會減少896個村鎮。

註：臺灣有368個村鎮，預估會減少3分之1。

知道問題是改變世界的第一步！

這世界上存在著好多好多問題！

當我們知道這世界上存在著很多問題，便會開始思考如何解決這些問題。

所以說，知道問題是讓這個世界變得更好的第一步。

便宜的衣服
是誰製造出來的？

SDGs

SDGs 就是
以解決這些問題
為目標的約定！

知道世界上種種問題之後，一定會納悶。

「為什麼會有很多孩童沒辦法上學？」

「便宜的衣服是誰製造出來的？」

「如果異常氣象持續下去，地球會變成什麼模樣？」

抱持疑問能夠促使我們增長知識，以及改變行為。

為了讓我們過更好的生活，

為了讓我們擁有更幸福的未來，

聯合國訂定了許多目標，

讓大家共同努力，那就是「ＳＤＧｓ」。

為了更美好的未來，讓我們從小地方開始努力

或許你會覺得「讓世界變得更好」這種話聽起來有些遙不可及。
但是不用想得太難，
雖然SDGs有17個目標，
但我們只要從自己做得到的小事情開始做起就行了。

我也想
盡一份心力！
鍛鍊身體
還能愛護地球！

多多走路或騎腳踏車

捐款

「不要讓水龍頭的水一直流。」

「把所有的食物都吃完，不要丟掉。」

「盡量到住家附近的商店買東西。」

「不管要去哪裡，多多走路或騎腳踏車。」

這些都是自己一個人也能做到的事情。
雖然ＳＤＧｓ的目標並沒有辦法靠一個人達成，
但我們每一個人都不應該置身事外。
只要每個人稍微改變自己的生活，
我們就能夠一步步接近ＳＤＧｓ的目標。

買東西時攜帶
環保購物袋

房間裡沒有人的時候，
記得把電燈關掉

目次

合約書

Part 3 SDGs點子與行動筆記本

SDGs小專欄

照片提供／Shutterstock（P30、P97）、日本認定NPO（非營利）法人「寺院零食俱樂部」（P39）、住友化學股份有限公司（P45）、Saraya股份有限公司（P68）、朝日新聞社（P102、P135）、photolibrary（P113）、TABLE FOR TWO（P131）、一般社團法人Plogging Japan（P133）、50cm.（P137）、洗足學園高等學校（P139）

本書所刊載的資訊，都是以2021年3月為準。

聯合國的SDGs官網：https://www.un.org/sustainabledevelopment/

Part

1

最近常聽到的SDGs到底是什麼？

最近這幾年，經常可以在電視上聽見SDGs這個字眼。
感覺好像很艱深，它到底是什麼意思？

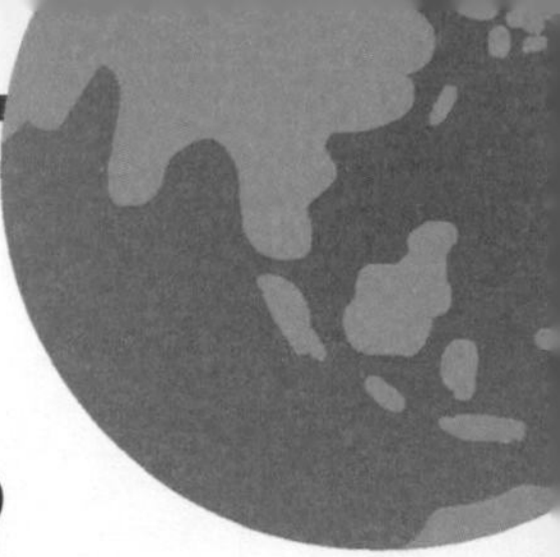

最近常聽到的 SDGs到底是什麼？

最近我們常常可以在電視上聽見「SDGs」這個字眼。
其實這是跟每個人都息息相關的全世界共同目標。

再這樣下去 地球真的會完蛋！

貧困、歧視、傳染病、氣候變遷、各種紛爭……世界上存在各式各樣的問題。所謂的ＳＤＧｓ就是解決這些問題定的目標。它是「Sustainable Development Goals」的縮寫，中文稱呼是「永續發展目標」。

ＳＤＧｓ包含了17個目標，全世界的所有人共同約定要在２０３０年之前實現這些目標。

ＳＤＧｓ是在２０１５年獲得聯合國正式決議通過。在此之前，聯合國還針對開發中國家（第82頁）制訂過「千禧年發展目標」（Millennium Development Goals，簡稱為ＭＤＧｓ）。

ＳＤＧｓ與ＭＤＧｓ的最大差異，就在於ＳＤＧｓ是「全世界所有人」都必須努力的共同目標，就連先進國家的國民也不例外。

制訂ＳＤＧｓ的動機，就在於「再這樣下去，地球會完蛋」的危機意識。我們絕對不能為了眼前的利益，或是貪圖一時的方便，而破壞了地球的環境。

有很多問題都必須站在全球的角度來思考，才能夠找到解決之道。例如找出生產及消費的合理做法，以及人權問題、改善生活等等，都是很好的例子。**只要我們能夠一起努力，共同找出解決方法，就能建立起一個長久維持的幸福世界**。ＳＤＧｓ正是為了這個目的而存在。

2030年之前應該要達到的17個目標

消除貧窮	消除飢餓	良好健康和福祉	優質教育	性別平等
潔淨水與衛生	可負擔的潔淨能源	尊嚴就業與經濟發展	產業創新與基礎建設	減少不平等
永續城市與社區	負責任的消費與生產	氣候行動	水下生命	陸域生命
和平正義與有力的制度	夥伴關係			

註：名稱依據教育部《永續發展目標教育手冊》

這就是…

聯合國為了解決
全球問題所設定的
17個目標。

讓我們分別來看看解決全球問題的17個SDGs目標！

SDGs總共有17個目標，
你知道是哪17個嗎？這些可說是SDGs的「基礎」，
一定要好好記住唷。

1 消除貧窮

讓貧窮從世界上消失！

這世界上還有很多人無法獲得充足的食物和飲水，或者是沒有地方可以住。就算是像日本那樣的先進國家，還是有很多人沒辦法過「一般人的生活」。處於這種貧窮狀態，會在教育、醫療、就業等種種層面產生問題。我們一定要讓「任何形式的貧窮」從世界上消失。

2 消除飢餓

讓所有人不再「飢餓」！

長時間沒有吃東西，造成營養不良的狀態，就稱作「飢餓」。消除一切的飢餓，讓小孩到老人都能吃得飽、吃得營養，就是我們的目標。我們必須一方面保護地球的環境，維持生態的多樣性（在大自然中存在著各種動物的狀態），另一方面得想辦法增加農作物的生產量（促進永續農業）。

會不會痛？

3 良好健康和福祉

讓所有人都擁有健康的身體！

世界上有很多人明明生了病，卻沒辦法獲得現代化醫學的治療，或是因為沒辦法接種疫苗，而感染了傳染病。我們希望世界上的所有人都能保持健康，有能力預防疾病，而且生了病都能獲得妥善的治療。另外，這個目標也包含減少車禍造成的傷亡，以及減少環境汙染。

4 優質教育

讓每個人都能接受良好的教育！

任何人都有接受教育的權利。為了讓所有人都能接受優質的教育或職業訓練，我們必須建立安全、方便的學校設施，並且增加具備教學資格的老師。所有的孩子都應該要學會讀書識字及計算，就算是發生戰爭或災害，還是要讓孩子們持續接受教育。

我將來
要當醫生！

應該要平等
對待女性！

5 性別平等

讓所有人都不會因性別而受到歧視！

我們要追求一個女性不會受到歧視的世界。除了要保護女性不受身體或精神上的暴力對待之外，還要推動夫妻共同分攤家事及照顧孩子，並且保障女性懷孕及生產的權利。不管是政治的世界還是經濟的世界，都應該要讓女性平等參與。日本在這方面還有很多改善的空間。

6 潔淨水與衛生

讓每個人都能使用安全、潔淨的水！

乾淨的水
真的很重要！

像日本這樣能夠安心飲用自來水的國家，在世界上並不多。我們應該要確實整頓及管理全世界的淨水及衛生環境，讓所有的人都能使用安全、潔淨的水，並且打造能夠處理汙水及垃圾的衛生設施。此外這個目標也包含了廢除所有的野外廁所，以及建立水源的再生利用機制。

7 可負擔的潔淨能源

讓大家都能夠使用不破壞環境的能源！

以低廉且穩定的價格，將電、瓦斯等能量提供給所有人使用。目標是不過度仰賴有限的石油或煤炭，增加太陽能、風力、水力等大自然的「可再生能源」，而且要讓能源的使用更有效率。

資源並非
取之不盡！

8 尊嚴就業與經濟發展

讓工作符合人性，並且實現經濟成長！

我要努力工作，
養活我的家人！

絕對不能為了經濟成長而犧牲地球環境。除了必須在保護環境的前提下推動經濟成長之外，還要讓每個工作都符合人性，打造一個即使是年輕人及身障人士也都能安心工作的世界。此外還要讓殘害孩童身心健康的「童工現象」從世界上消失。

9 產業創新與基礎建設

建立新的技術及基礎建設！

所謂的「基礎建設」，指的是道路、自來水系統、電力系統、網路等等日常生活上不可或缺的設備或服務。我們的目標是打造出即使遇上災害也不會中斷的穩固基礎建設，建立起每個人都能夠參與的經濟發展機制，以及不斷研發出創新的技術及製造手法。

10 減少不平等

消除國家與國家之間的不平等，以及國家內部的不平等！

這世界上存在著各式各樣的落差，以及不平等的關係。我們應該要盡可能消除國家與國家之間的不平等，以及國家內部的不平等。減少人與人之間的落差，提高弱勢者的收入。任何歧視特定族群的法律或習慣，都應該要加以排除。除此之外還有一個重點，那就是要盡量排除先進國家與開發中國家之間的不平等。

11 永續城市與社區

打造安心、安全且方便的居住環境！

我們要讓每個人都住在安全且方便的屋子裡，能夠使用電及自來水等民生必要資源。打造出孩童、老年人、身障人士等弱勢族群也可以住得安心、安全的社區。同時，減少大氣汙染，確實控管廢棄物的排放，讓社區能夠禁得起災害，以及在災害發生之後能夠快速重建。

12 負責任的消費與生產

減少垃圾量，不浪費資源！

盡量不要
製造垃圾！
空罐
空瓶

如今地球上充滿了人類製造出來的垃圾。我們的目標是建立一個不浪費資源的社會，讓所有國家的人都對「生產」及「消費」抱持一股責任感。除此之外，這個目標還包含了讓全世界浪費的食物減少一半，保護水源、空氣及土壤不受汙染，減少垃圾量，以及減少製造產品時所產生的有害化學物質等等。

13 氣候行動

盡可能及早採取氣候變遷的因應對策！

今天
不開冷氣。
涼

全球暖化問題因為人類活動而變得越來越嚴重。如果地球繼續暖化下去，除了颱風之類的天然災害會持續增加，南北兩極的冰山還會融化，造成海平面上升，最後奪走人類及其它陸地生物的生活空間。我們的目標除了要減少製造溫室效應氣體，還要盡可能減少氣候變化造成的影響，這需要全世界所有國家集思廣益才行。

14 水下生命

保護豐富的「海中生命」！

絕對不能
汙染
海洋唷！

地球的表面有七成是海洋，海洋不僅具有穩定氣候的重要功能，而且還會帶給生物許許多多的恩惠。然而我們人類卻汙染了這片大海。我們應該要努力排除會對海洋造成不良影響的汙染，以及會破壞生態系統的違法漁業活動。在利用海洋的同時，也要盡全力讓海洋資源能夠永續維持。

15 陸域生命

推動陸地動植物的保護及繁衍！

森林、溼地、河川等陸地上的大自然環境，不管是對於居住在這個環境裡的生物，還是對於我們人類的生活，都可說是非常重要。然而隨著人類的生活變得富足，這些大自然環境卻遭到了破壞。我們應該要保護瀕臨絕種的各種陸地生物，以及森林等各種大自然環境，協助這些動植物永續繁衍，以正確的方式善加利用。

16 和平正義與有力的制度

打造一個和平且公正的社會！

這世界上存在著各式各樣的紛爭。我們的目標，是減少這世界上的各種暴力行為，以及暴力行為下的受害者。每個國家的人攜手合作，打造一個任何人都可以自由參與，而且以公正的法律為基礎的和平社會。

17 夥伴關係

同心協力達成目標！

SDGs的17個目標，涵蓋了各種不同的領域。除了每個國家都應該要付出心力之外，有很多目標是必須要兩個國家以上攜手合作才能夠實現。除了國家之外，所有的企業、地區、家庭及個人也都必須要共同努力，朝著目標邁進。

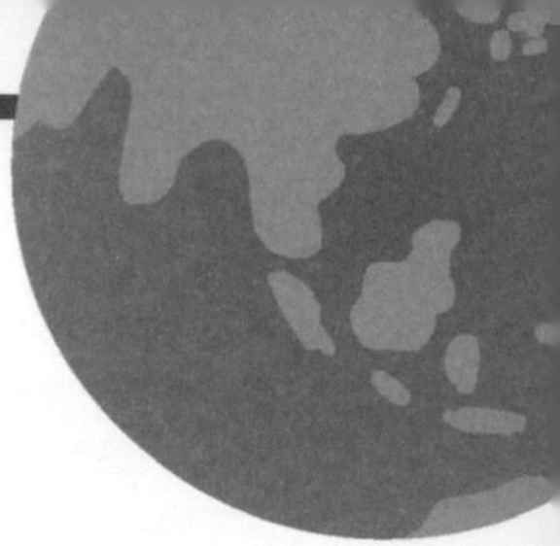

「Sustainable」是什麼意思？

這個字是SDGs的關鍵字，更是創造美好未來的重要概念。

永遠持續下去

「Sustainable」這個英文字近年來隨著SDGs一起受到廣泛討論。SDGs中的第一個「S」，正是「Sustainable」的縮寫，它的意思是「永續維持」。

「永續維持」的意思，簡單來說是**「讓一件事物永遠保持現在的狀態」**。舉例來說，當自然環境受到破壞，就會很難恢復原狀。一旦砍倒了樹木，就要花上好幾十年的時間才能再長回來。一旦某種生物滅絕，更是再也無法挽回，對周圍的其他生物及人類也會造成影響。

必須要永續維持的事物，可不是只有大自然而已。**SDGs的目標，是要讓社會及經濟也處在能夠永續維持的狀態下，使得後代子孫也都能過著安心、富足的生活。**

要實現這些目標，我們就不能破壞地球的環境，不能消耗太多的資源。除了為自己打算之外，也要為外國人和需要幫助的人打算。除此之外，每個製造商品及購買商品的人，都必須要意識到「這是否是一個有助於永續維持的商品」。唯有這樣，才能真正打造出「永續維持」的社會。

什麼是「永續維持」？

每個人都過著
富足、健康的生活。
我們
精力充沛！
不破壞地球
的環境。
我們住在
美麗的森林裡。
每個人
都能夠上學。
Sustainable
（永續維持）
=
將能夠永久維持下去的
經濟、社會文化及環境
傳承給下一代。
老師早！
能夠一直維持
現在的生活。
接下來是
你們的時代！
真是幸福呢。
我們
一起玩吧！
每個人都維持
和平的關係。

意思就是……

讓我們的下一代也能夠
過著安心、幸福生活的重要觀念。

賺錢重要，還是環保重要？

SDGs並非只是一些推動環保的目標，更是能夠讓社會及經濟維持最佳平衡，打造更美好世界的目標。

在維持平衡的前提下解決問題

要實現SDGs的目標，必須獲得企業的協助。但是企業要維持運作，必須販賣商品或服務，以賺來的錢支付員工薪水。試想企業為什麼要在做生意的同時，推動耗費時間與精力的SDGs？這麼做對企業有什麼好處？

很多人誤以為SDGs只是一些推動環保的目標，然而SDGs追求的目標，是**在經濟、社會及環境這三者維持良好平衡的前提下，解決這個世界上的種種問題。**

制訂於2000年的SDGs（千禧年發展目標），是以開發中國家的發展為核心目標，主要的執行對象是聯合國及開發中國家。因為這個緣故，世界上許多先進國家及企業都認為「跟自己無關」。SDGs為了避免再次陷入這樣的情況，**不再侷限於開發中國家的發展，這次範圍涵蓋了經濟、社會及環境的所有問題，成為一套除了國家及地方政府之外，所有的企業及個人也都必須參與的目標。**

事實上有專家推算SDGs的活動每年能夠產生約12兆美元（約36兆新臺幣）的經濟效益，並且在2030年之前創造出3億8千萬個工作機會。再加上SDGs能夠為企業建立良好的形象，所以近年來有越來越多的企業投入了SDGs的行動。

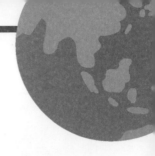

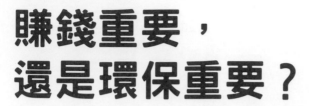

不能只是「保護地球」？

環境
守護地球的環境。
海洋及陸地
都要保護！
發展經濟，
讓生活更加富足。
打造沒有歧視及
落差的社會。
經濟
透過經濟活動，
創造出金錢及價值。
社會
包含弱勢族群在內，讓社會上
每個人的人權都獲得尊重。

意思就是……

SDGs並非只是改善經濟、社會、環境的其中之一，而是讓這三者維持良好平衡，打造更美好的世界。

臺灣物產豐饒，所以跟SDGs無關？

說起全球性的課題，或許有些人會覺得規模太大，沒有辦法產生切身的感受。但在富足的國家裡，也存在著許多SDGs的課題。

臺灣也存在著「飢餓」的問題

當我們聽到飢餓、貧困、歧視等問題時，可能會想「這些問題只會出現在非常貧窮的國家，跟我們或跟臺灣無關。」然而，這些問題絕不只於發展中的國家，在先進國家中也有飢餓問題。像是在日本，就有9．2%的人經歷過食物不足的問題。這在先進國家中是難以想像的高比例。

你可能認為臺灣的食物一定不餘匱乏，但實際上，臺灣至今仍有約7．8%也就是180萬名民眾餓著肚子，但另一方面也存在著剩食問題，在2020年丟棄的食物便達360萬噸。我們可以透過食物銀行、食物共享平台來解決剩食。

許多飢餓的問題是因貧富差距、所得分配所引起的，有些人因為失業，生計困難，無法購買食物。尤其女性在社會上的求職又更加的艱困，即使像日本這樣先進的國家，管理職位中的女性比例也只有12%，是七國集團（G7，全球七個發達國家每年齊聚一堂的政治論壇。）中的墊底。不僅如此，還有兒童貧困率等諸多問題。

SDGs是以「顧及地球上的每一個人」作為目標。**不管是大國還是小國，不管是富裕的國家還是貧窮的國家，SDGs追求的是讓每一個人都過著幸福的生活。因此在這個世界上，不會有任何一個人能置身事外。**

臺灣當然也不能置身事外！

部分服飾的製造工廠
雇用的是貧窮國家的童工。

約有4分之1的食物
明明還能吃，卻遭到丟棄。

在日本，代表人民
表達想法的政治家
幾乎都是男性。

很多地方存在著罔顧
員工人權的「黑心企業」。

意思就是……

不管是住在富足的國家，還是
住在貧窮的國家，任何一個人都不可能
跟SDGs毫無瓜葛。

資料來源：《第7次世界價值觀調查》國際勞工組織（ILO）

只要使用環保購物袋，就能夠改變未來？

大部分的人聽見「解決全球性問題」，可能都會覺得自己幫不上什麼忙。但其實每一個人的行動都能夠改變未來。

能夠做的事情，就隱藏在每一天的生活之中

SDGs要由誰來執行？答案是每個國家、每個地方政府、每一間企業、每一個組織，以及每個人。**正在閱讀本書的你，也是推動SDGs的主角之一**。雖然單靠一個人的力量，不可能解決全球性的問題，但是每一個人的行動，將能成為改變世界、改變未來的第一步。

想要為SDGs做一點事情，卻不知道該做什麼事？其實**可以做的事情，就隱藏在「每一天的日常生活當中」**。

舉例來說，世界上有很多人無法獲得安全、乾淨的水，所以當我們在洗澡的時候，應該要盡可能別浪費任何一滴水。如果想要解決塑膠垃圾汙染海洋的問題，可以在買東西的時候自行攜帶環保購物袋，不要使用商店給的塑膠袋。想要解決許多食物被浪費掉的問題，就應該把學校的營養午餐吃光光。只要每個人都能夠像這樣從「小地方」做起，就能夠帶來巨大的改變。

SDGs的最後一個目標「夥伴關係」，意思就是「建立起共同為目標努力的合作關係」。換句話說，一個人做不到的事情，就號召大家一起做……**集合眾人的力量，是最大的重點**。如果你已經開始對SDGs產生興趣，可以把這件事告訴家人或朋友，一起為SDGs盡一份心力。

為SDGs盡一己之力的三個步驟

步驟1
思考看看生活周遭
有著什麼樣的課題！
食物？
XX
超市
塑膠袋
步驟2
想像一下
「希望未來變成
什麼樣子」！
水好乾淨，
完全沒有垃圾！
步驟3
從自己能做得到的
事情做起！
超市
我不需要
塑膠袋！
自備環保袋

意思就是……

每個人踏出一小步，
就能夠改變世界、改變未來。
你也是主角之一！

「我們絕對不原諒這種事！」

格蕾塔想要告訴大人們的事

SDGs 小專欄

大人們應該更加認真的面對氣候變遷的問題……
格蕾塔的呼喚聲，讓全世界的年輕人決定站出來。

不應該把負債留給下一代。

「許多人深陷在痛苦與死亡之中，生態系統正在崩潰，你們這些大人卻還在談論著金錢，以及永無止境的經濟成長『童話』。你們怎麼敢！（How dare you!）」

16 歲的瑞典少女格蕾塔．童貝里（Greta Thunberg），當時在 2019 年的聯合國氣候行動峰會（2019 UN Climate Action Summit）上，以顫抖的聲音對著大人們如此責罵。

格蕾塔主張大人們應該以更加認真的態度處理全球暖化的問題，否則他們這些年輕人未來將被迫為此付出代價。地球的環境正處於相當危急的狀態，大人們卻依然只顧著談論經濟。格蕾塔強調應該「立刻採取行動」，而非「明天再做就行了」。

Part

2

SDGs 完全分析問題集

接下來我們將以一問一答的方式，來說明存在於世界上的各種問題，以及解決方法的提示。讓我們在快樂閱讀之中，學會關於SDGs的知識吧！

Q1

世界上，有多少人一天的生活費不到新臺幣60元？

❶ 每10人就有1人　❷ 每1千人就有1人　❸ 每1萬人就有1人

讓貧窮消失，建立能夠永續維持的社會

這世界上有很多人每天過著有一餐沒一餐的日子。大約每10人就有1人，正在過著世界銀行所定義的「極度貧窮」的生活（一天的生活費在1．9美元（約新臺幣60元）以下）。

一天不到60元，你能想像那是什麼樣的生活嗎？光是要填飽肚子就已經相當困難，何況還得從中扣掉水電費及瓦斯費。

一旦沒有錢，不僅得不到食物及乾淨的飲水，當然也沒辦法住在衛生的環境裡。生了病沒辦法看醫生，孩子往往也沒有辦法上學。

因此SDGs的第一個目標，就是「消除貧窮」。要建立一個能夠永續維持的社會，貧窮是首先必須解決的最重要課題。

相關的SDGs目標

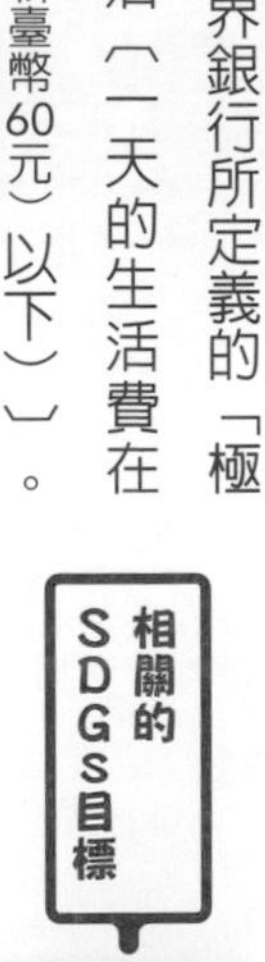

我想要知道更多！

新型冠狀病毒對貧窮造成什麼樣的影響？

目前的貧窮率（處於「極度貧窮」狀態的人口比例）雖然距離理想狀態還很遙遠，但過去這些年一直維持著下降的趨勢。新型冠狀病毒爆發大流行時，有專家預測貧窮率應該會向上攀升。

出處：世界銀行《貧窮與繁榮的共有2020》

「極度貧窮」的人占了多少比例？

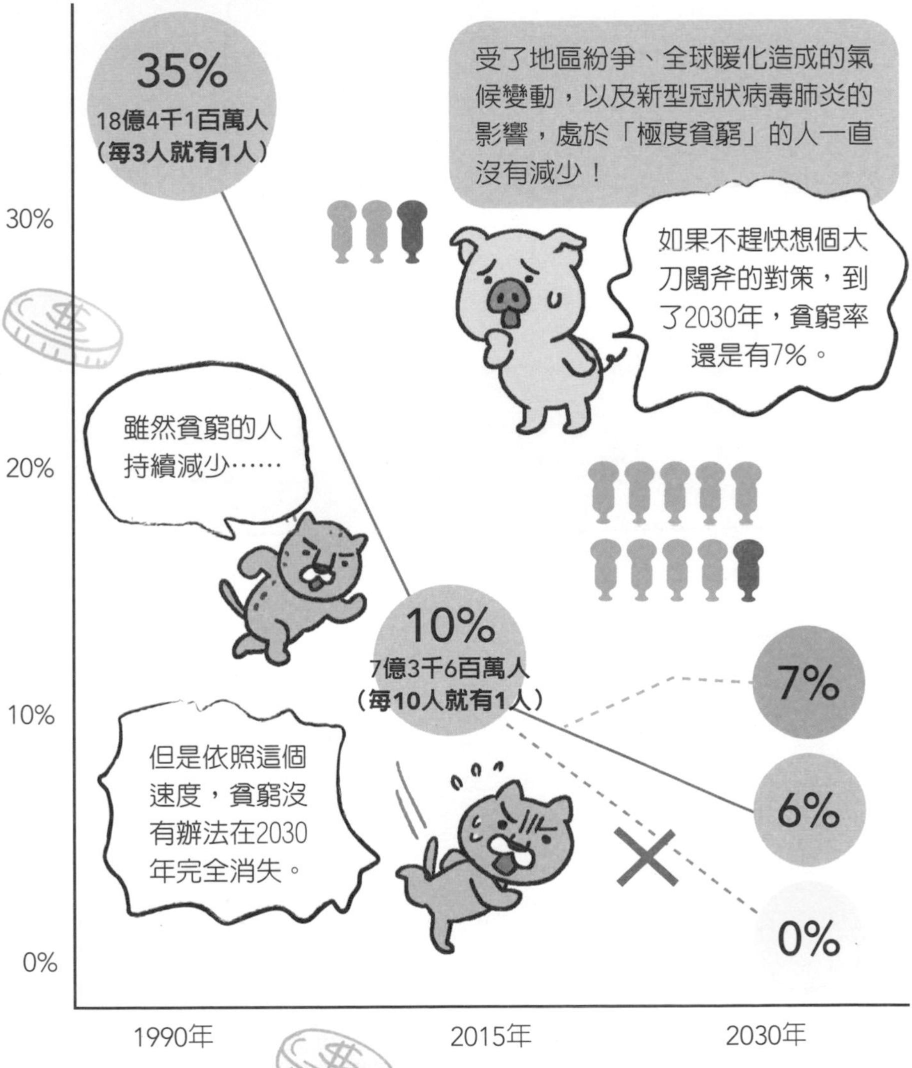
35%
18億4千1百萬人
（每3人就有1人）
受了地區紛爭、全球暖化造成的氣候變動，以及新型冠狀病毒肺炎的影響，處於「極度貧窮」的人一直沒有減少！
30%
如果不趕快想個大刀闊斧的對策，到了2030年，貧窮率還是有7%。
雖然貧窮的人持續減少……
20%
10%
7億3千6百萬人
（每10人就有1人）
7%
10%
但是依照這個速度，貧窮沒有辦法在2030年完全消失。
6%
0%
0%
1990年
2015年
2030年

答案 ❶ 每10人就有1人

大約30年前，是每3人就有1人，最近幾年下降至每10人就有1人。

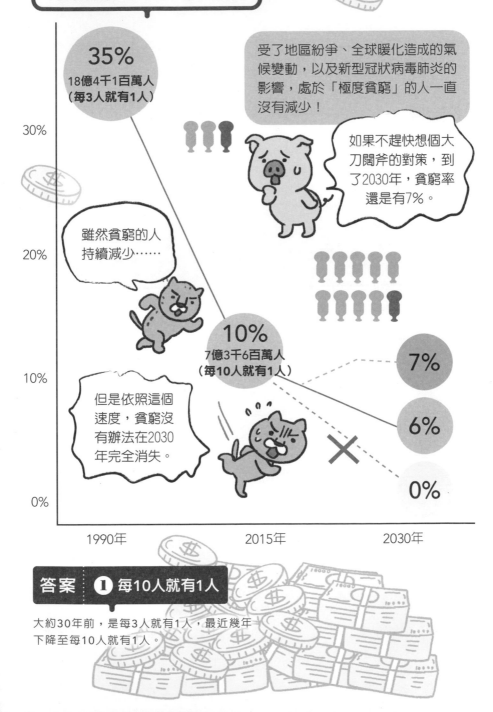

Q2

世界上一半人口的財產，相當於頂端多少人的財產？

❶ 26人　❷ 260人　❸ 2萬6千人

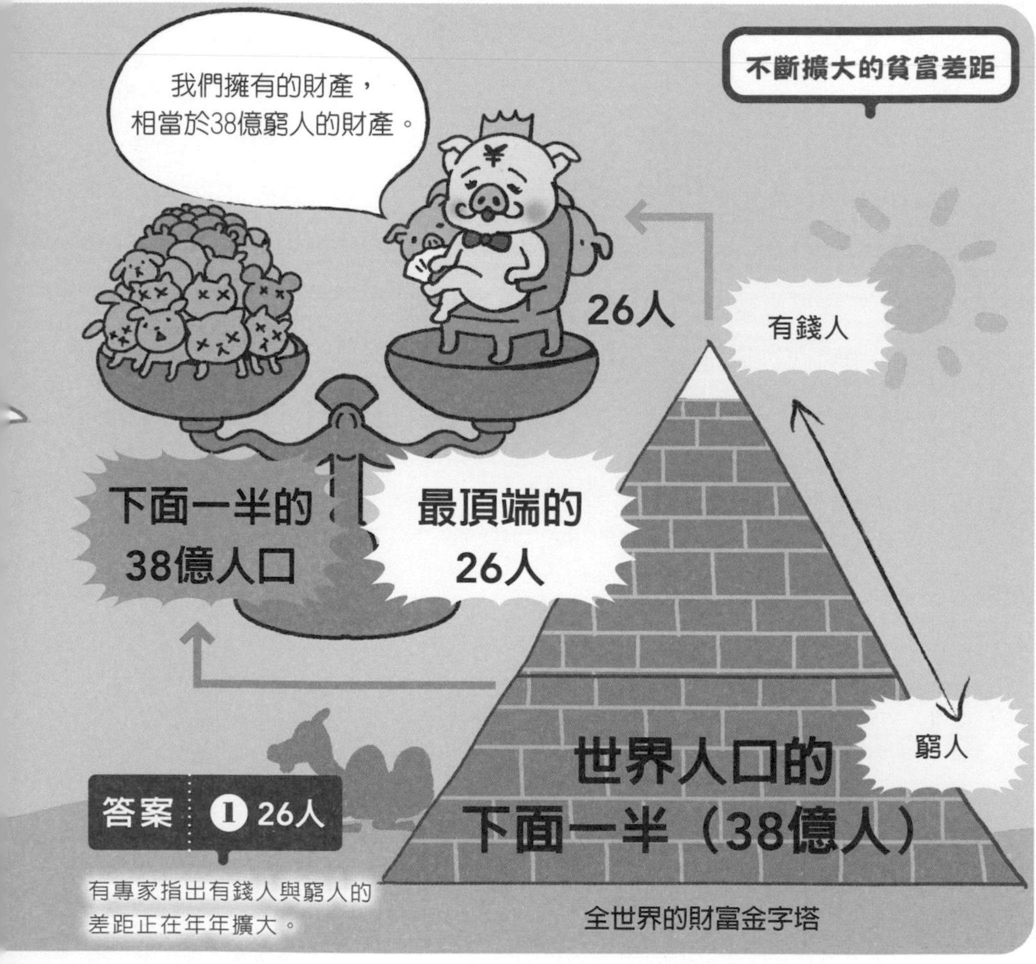

不斷擴大的貧富差距
我們擁有的財產，
相當於38億窮人的財產。
26人
有錢人
下面一半的
38億人口
最頂端的
26人
窮人
世界人口的
下面一半（38億人）
全世界的財富金字塔

答案　❶ 26人

有專家指出有錢人與窮人的差距正在年年擴大。

出處：樂施會（Oxfam）

全世界的財富集中在少數人身上？

世界上有許多人過著窮苦的生活，卻也有著非常有錢的大富翁。根據國際發展救援組織「樂施會」（Oxfam）的調查結果，世界上最有錢的26個大富翁，擁有的財富相當於全世界一半窮人（38億人）所擁有財富的總和。

擁有很多錢或賺很多錢並不是什麼罪大惡極的事情，但是當全世界的財富集中在少數人的身上，就會產生「貧富差距過大」的問題。這會讓有錢人變得越來越有錢，窮人變得越來越窮。

要消除這種不公平的現象，除了必須要幫助窮人增加收入之外，還需要一些「重新分配財富」的制度，來減少有錢人與窮人之間的落差。

相關的SDGs目標

1 消除貧窮
10 減少不平等

縮小貧富差距的方法……
加重有錢人的稅金
既然賺那麼多錢，當然要多繳一些稅金！
重新分配財富（加強教育及醫療保險）
靠教育阻斷貧窮的惡性循環！
強化保險對窮人也有幫助！

我想要知道更多！

重新分配財富

政府依照收入或財富的多寡，對大企業及有錢人課稅，並且透過社會保障、福利制度及公共事業，將財富分配給窮人。這些都是重新分配財富的政策，是解決不公平現象的方法之一。

Q3

日本有多少孩童處於貧窮狀態？

❶ 每7人就有1人　❷ 每70人就有1人　❸ 每700人就有1人

日本也並不是每個人都很有錢

雖然先進國家的經濟狀況比開發中國家好一些，但可別以為先進國家就不存在「貧窮」這件事。事實上就算是在先進國家日本，還是存在著許多窮人。

貧窮可以分為兩種類型。第一種是沒有食物可以吃，沒有衣服可以穿，沒有地方可以住，連最基本的生活都沒有辦法維持的貧窮。這類型的貧窮稱作「絕對貧窮」。本書在第32頁提過世界銀行所定義的極度貧窮（一天的生活費不到1．9美元）指的就是這一種貧窮。

另外還有一種貧窮，指的是在某個地區或社會環境之中，有些人的經濟狀況比大多數人的生活水平差得多，這稱作「相對貧窮」。日本人每6人就有1人（孩童是每7人就有1人）處於相對貧窮的狀態，這樣的比例在先進國家之中算是相當高。

貧窮不僅會奪走孩子受教育及累積經驗的機會，而且在升學、求職、收入等等人生中的許多方面，都會帶來負面影響。因此我們必須協助這些孩子脫離貧窮，打造出一個讓每個孩子都能對未來懷抱希望的社會。

臺灣貧窮率1．3%，遠低於日本，但各國對於貧窮資格不一，因此貧窮人數遠遠超過我們的想像。

相關的SDGs目標

出處：日本厚生勞動省《國民生活基礎調查》、聯合國兒童基金會日本委員會（Japan Committee for UNICEF）

貧窮可以分成兩種

絕對貧窮

處於沒有辦法維持基本生活的狀態。根據世界銀行的定義，這指的是一天的生活費在1.9美元以下的狀態。

肚子
好餓……

全世界的孩童

每6人就有1人
3億5千6百萬人

全世界共有3億5千6百萬人過著「極度貧窮」的生活，平均每6人就有1人。日本幾乎沒有人處在這樣的狀態。

相對貧窮

跟該國的文化或生活水準差距相當大的貧窮狀態。沒有辦法過「一般人的正常生活」。

我想上補習班，
但是我沒有錢……

日本的孩童

每7人就有1人
約280萬人

日本約有280萬人處於相對貧窮狀態，平均每7人就有1人。如果是單親家庭的孩子，更是每2人就有1人是處於相對貧窮，在先進國家中是相當高的比例。

孩童的貧窮會造成什麼問題？

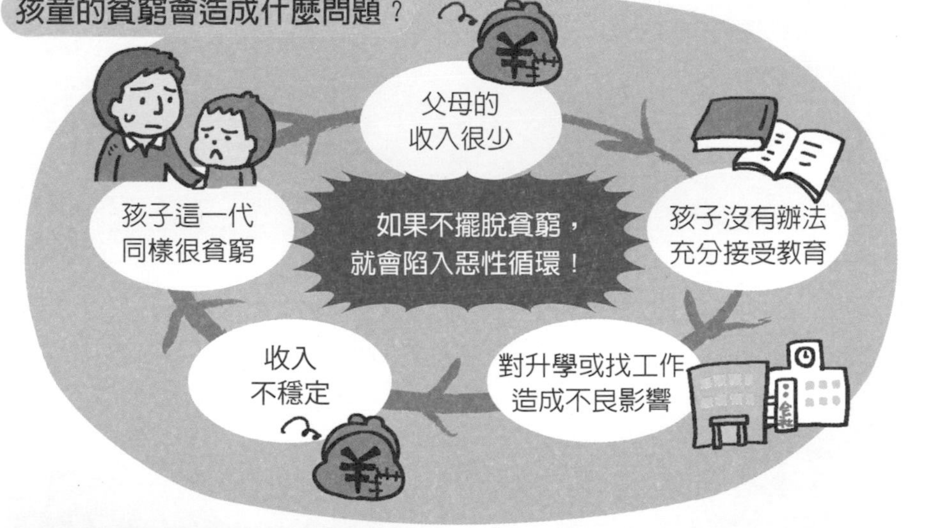
父母的
收入很少
孩子沒有辦法
充分接受教育
對升學或找工作
造成不良影響
收入
不穩定
孩子這一代
同樣很貧窮
如果不擺脫貧窮，
就會陷入惡性循環！

答案 ❶ 每7人就有1人

日本的孩童貧窮率在先進國家裡頭算是特別高，一定要盡快設法改善才行。

Q4

為了食物短缺的孩童，臺灣設置什麼設施？

❶ 救助餐廳　❷ 食物銀行　❸ 滿足飯店

提供「食物」給孩童的制度
我願意出錢
幫助孩子們！
個人捐款
請使用我們
公司的產品！
企業
支援
提供食物
捐款
食物銀行
多吃一點！
〔經營者〕
市民團體
或個人
〔場所〕
公共設施
或餐飲店
〔利用者〕
地方上的
孩童及其父母
能夠免費
或以少許的
金錢填飽肚子！

出處：社團法人臺灣全民食物銀行協會、日本全國孩童食堂支援中心MUSUBIE

為了食物匱乏的人，增設食物銀行

最近，作為針對兒童貧困的對策，人們設立了「食物銀行」。此舉照顧了經濟弱勢族群，還有因家庭因素而無法在家中吃飯的兒童。

食物來自全臺各地量販店、中盤商、零售商、製造商、甚至個人捐贈的愛心物資，也會搶救即將被丟棄的可食用物資。目前臺灣的食物銀行有40家。另一方面，我們可以給醜蔬果機會、可以購買即期品，以及購買剛好的食物。不造成浪費，就從生活中改善剩食問題。

相關的SDGS目標

1 消除貧窮

2 消除飢餓

我想要知道更多！

以「供品」提供協助的獨特援助活動

日本認定NPO（非營利）法人「寺院零食俱樂部」以「佛祖供品」的名義，將各種食物及日常用品透過兒童支援團體，提供給因各種理由而物資匱乏的家庭，可說是相當獨特的援助活動之一。

日本是設置「孩童食堂」，數量如下

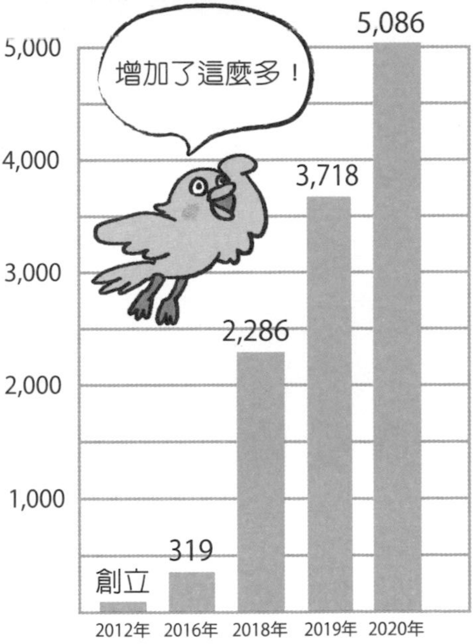

答案 ❷ 食物銀行

將勸募得來的食物資源無償轉贈給全臺近200家合作的中小型社福團體夥伴。

Q5

在臺灣餐桌上的食材，有多少是海外進口的？

❶ 20%　❷ 40%　❸ 70%

如果停止食材進口

每天出現在餐桌上的食品中有多少是國產的？而這些來自本地的食品百分比，就稱為「糧食自給率」。

臺灣在民國57年時，糧食自給率是超過100%，然而到了2021年，降到了31．3%，這也表示等於70%的糧食供應是靠國外進口的。這是因為臺灣耕地狹小且零碎，無法以大型機具栽培小麥、玉米及大豆等雜糧。然而，一旦國外發生什麼事情無法供應的話，那麼國民的糧食來源就變成了很大的問題。因此目前政府正在採取各種措施，力爭2030年實現40%的糧食自給率。

我們也能盡一份心力，多買本土食品，減少對進口產品的依賴，不僅有助振興經濟，還能促進國內農民的耕作意願。

相關的SDGs目標

我想要知道更多！

從外國進口食物會增加二氧化碳

從外國進口食物，會以飛機或船舶輸送，在輸送的過程中排出的二氧化碳每年高達1700萬噸。因此提高自己國家的糧食自給率，也是有效預防全球暖化（第106頁）的方法之一。

出處：臺灣農委會

如果只以國產品來製作料理……

日式料理

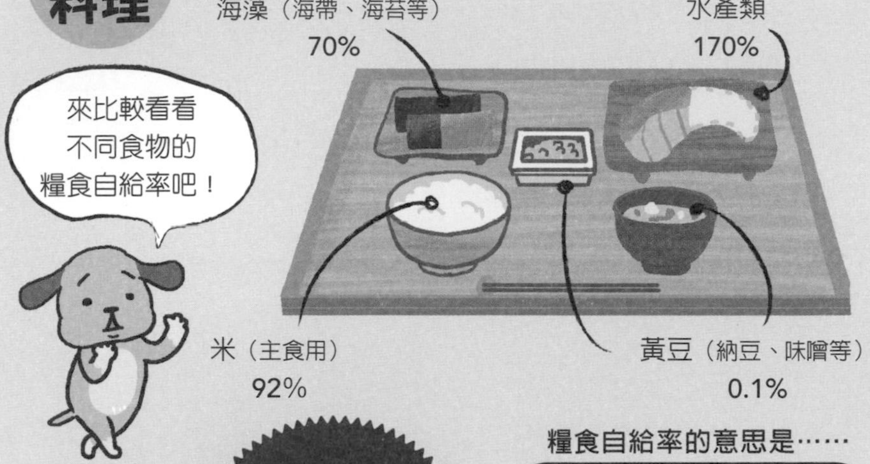
海藻（海帶、海苔等）
70%
水產類
170%
來比較看看不同食物的糧食自給率吧！
米（主食用）
92%
黃豆（納豆、味噌等）
0.1%

臺灣的糧食自給率
（以卡路里計算）
約30%

糧食自給率的意思是……

國人所消費的食物之中，國內所生產食物的百分比。不同食物的自給率會有很大的差異。

西式料理

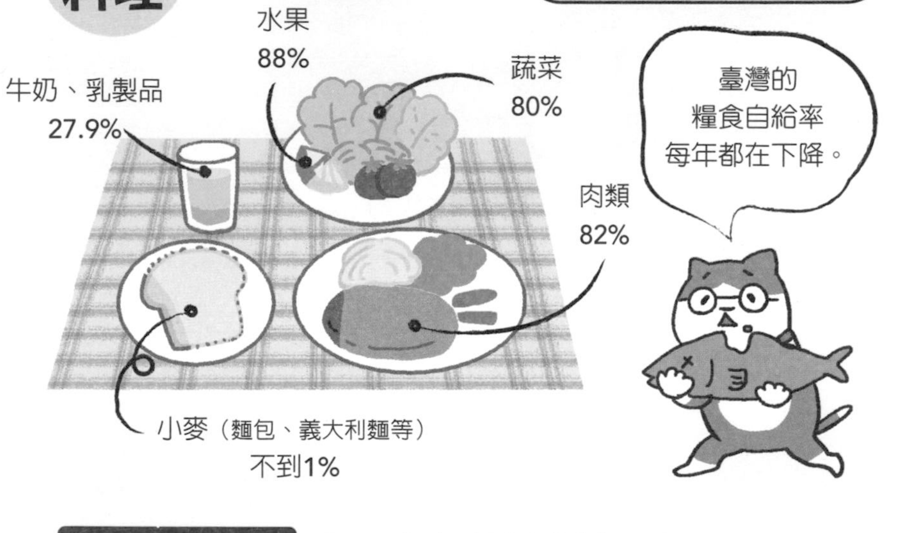
水果
88%
蔬菜
80%
牛奶、乳製品
27.9%
臺灣的糧食自給率每年都在下降。
肉類
82%
小麥（麵包、義大利麵等）
不到1%

答案　❸ 7成

民國57年時，糧食自給率有100%，
如今只剩下不到一半。

地球已經超載了？

SDGs
小專欄

如今全世界人口大約78億人，
根據估計到了2050年會增加至100億人。
地球有辦法養活那麼多人嗎？

出處：聯合國《World Population Prospects2019》、聯合國糧食及農業組織（FAO）、日本農林水產省《2050年世界糧食需求估算》

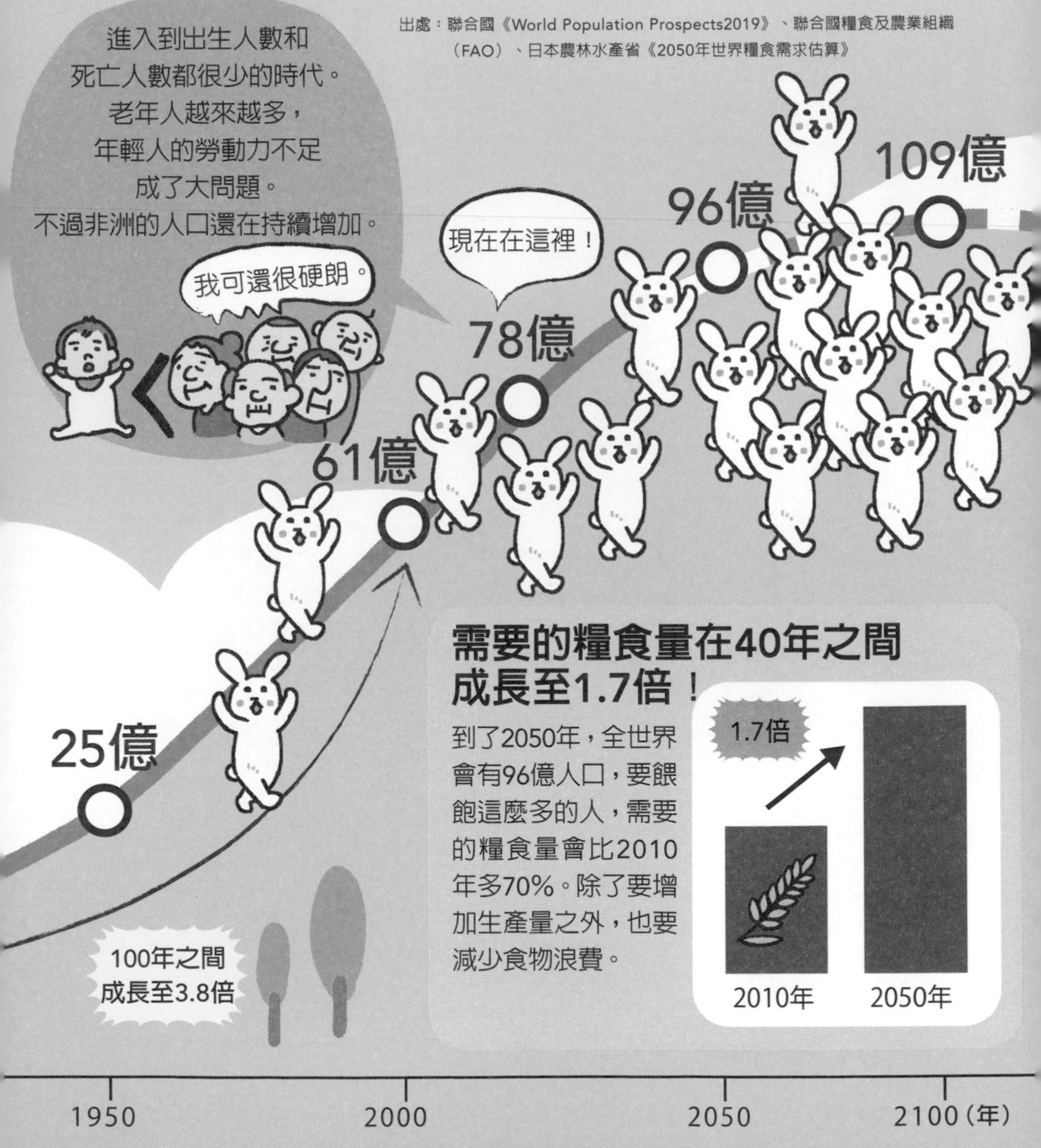
進入到出生人數和
死亡人數都很少的時代。
老年人越來越多，
年輕人的勞動力不足
成了大問題。
不過非洲的人口還在持續增加。
我可還很硬朗。
現在在這裡！
25億
61億
78億
96億
109億
100年之間
成長至3.8倍
1950
2000
2050
2100（年）

需要的糧食量在40年之間成長至1.7倍！

到了2050年，全世界會有96億人口，要餵飽這麼多的人，需要的糧食量會比2010年多70%。除了要增加生產量之外，也要減少食物浪費。

1.7倍
2010年
2050年

不久之後全世界將面臨糧食不足的問題？

臺灣的少子高齡化現象越來越嚴重，人口越來越少。許多先進國家也是處於人口減少的狀態，但是開發中國家的人口持續增加，預計全世界人口在 2050 年會達到 96 億人，到了 2100 年更會達到 109 億人。我們的地球真的有辦法養活這麼多的人嗎？

關於地球的「人口容納上限」，每個專家的說法不盡相同。根據聯合國糧食及農業組織（FAO）的估算，若以 1990 年的農業生產水平為基準，假如全世界所有人都過著「美國人」的飲食生活，上限為 23 億人；都過著「歐洲人」的飲食生活，上限為 41 億人；都過著「日本人」的飲食生活，上限為 61 億人。

有些專家擔心不久之後全世界就會陷入糧食不足的狀況。為了不讓餓肚子的人持續增加，一定要想辦法增加我們的糧食才行。

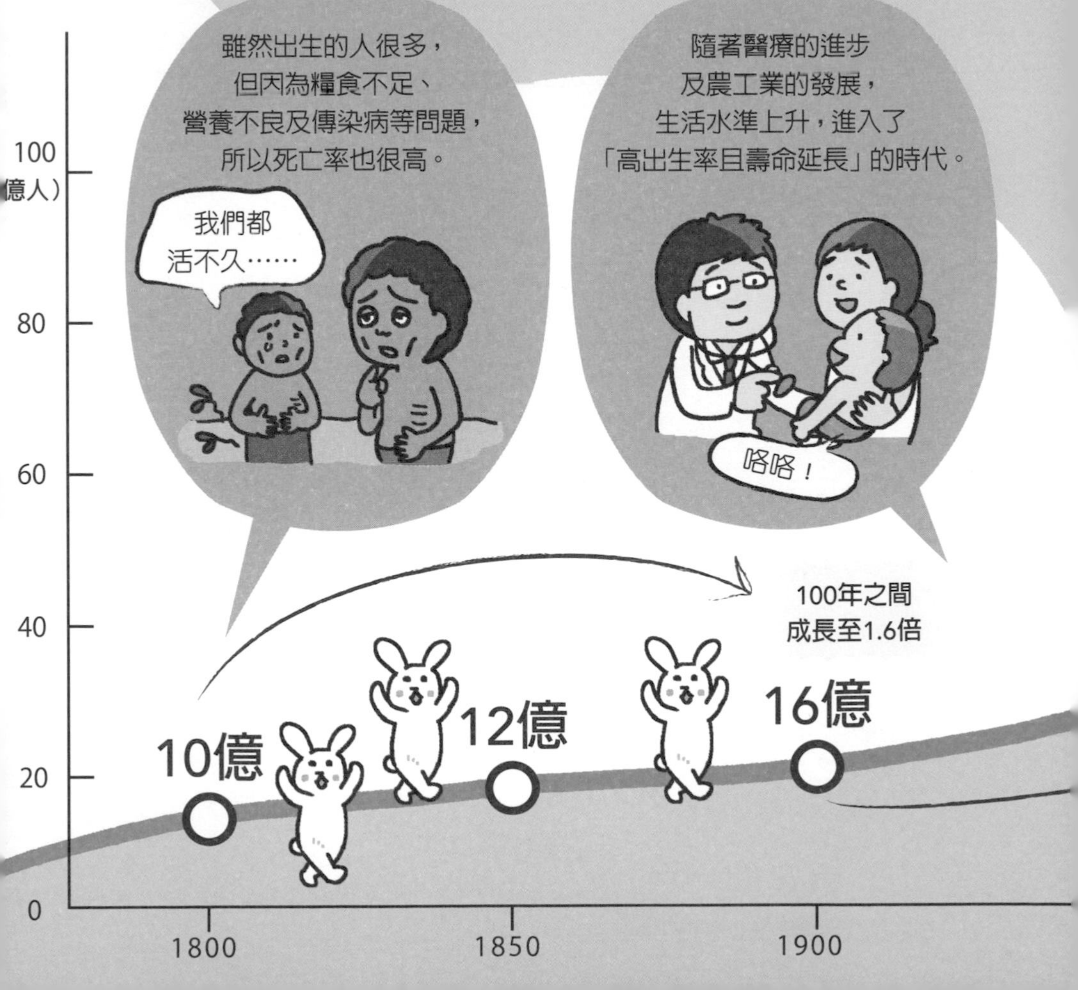

Q6

殺死最多人類的動物是什麼？

❶ 獅子　❷ 蚊子　❸ 人類

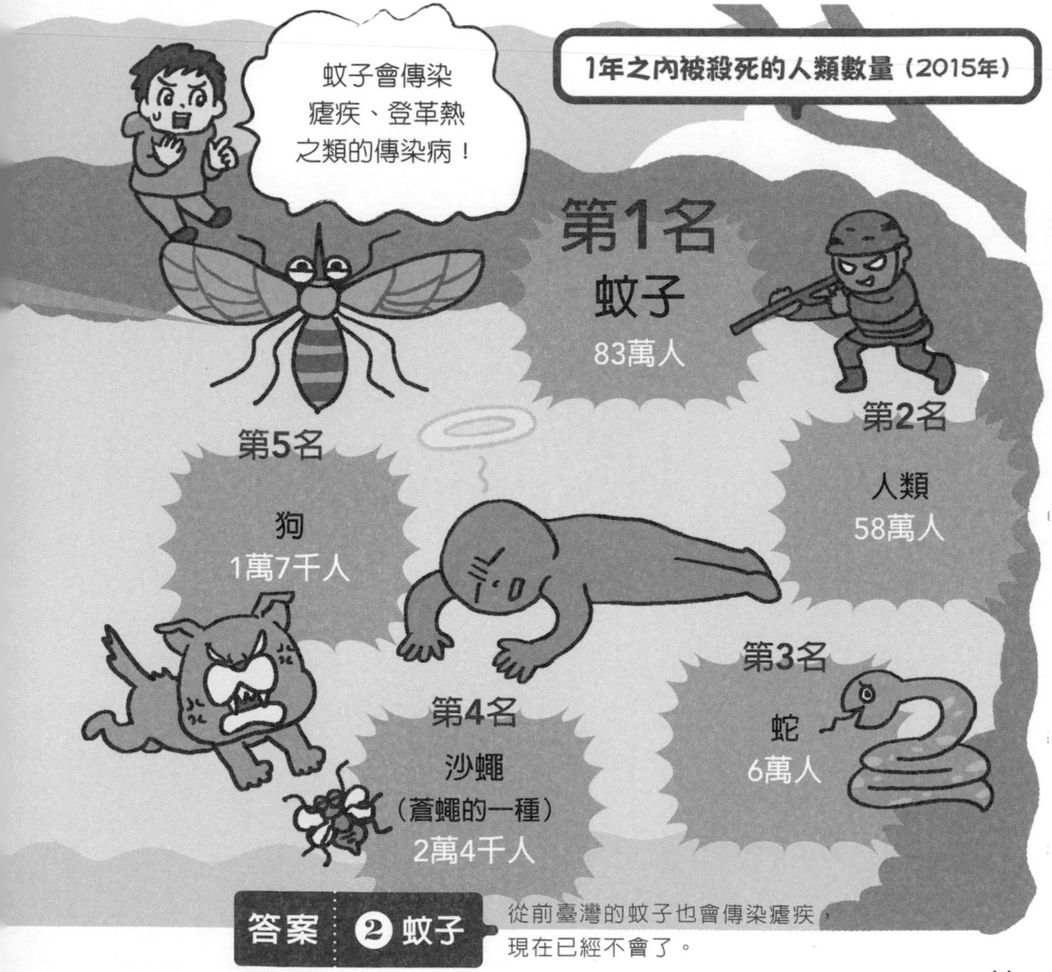
蚊子會傳染
瘧疾、登革熱
之類的傳染病！
1年之內被殺死的人類數量（2015年）
第1名
蚊子
83萬人
第2名
人類
58萬人
第3名
蛇
6萬人
第4名
沙蠅
（蒼蠅的一種）
2萬4千人
第5名
狗
1萬7千人

答案 ❷ 蚊子

從前臺灣的蚊子也會傳染瘧疾，現在已經不會了。

那些小蟲子是人類最大的敵人？

每年殺死最多人類的動物是「蚊子」。蚊子的身上有寄生蟲，會傳染瘧疾（世界三大傳染病之一）之類的疾病，每年會讓超過2億人感染，平均大約80秒就會有一人因此死亡。

開發中國家有很多人沒有辦法到醫院接受治療，或是沒有辦法接受預防接種。因此我們應該要增加醫院及醫生的數量，讓社會上的每個人都能獲得藥物及疫苗的幫助。

相關的SDGs目標

1 消除貧窮

3 良好健康和福祉

SDGs上的努力

致力於根除瘧疾

「製造工廠防蟲網的技術，能不能運用來幫助那些遭受瘧疾威脅的人？」

住友化學秉持著這樣的想法，研發出了經過防蟲劑處理的蚊帳「Olyset Net」，透過「抗擊愛滋病、結核病和瘧疾全球基金」（The Global Fund to Fight AIDS, Tuberculosis and Malaria），提供給100個以上的國家。

Photograph©M.Hallahan/Sumitomo Chemical

三大傳染病造成的危害（一年）

	[新感染人數]	[死亡人數]
瘧疾	2億2千9百萬人	49萬9千人
肺結核	1千零40萬人	140萬人
愛滋病（HIV）	210萬人	100萬人

出處：GateNote THE BLOG OF BILL GATES等

Q7

5歲之前死亡的孩童，一天大概會有幾個人？

❶ 14人　❷ 1400人　❸ 1萬4千人

消除醫療照顧的落差！

未到5歲生日就死亡的孩童，全世界一年約520萬人，平均一天約1萬4千人，也就是大約每6秒就有1人死亡。這些死亡的孩童大部分集中在特定的地區。其中約有一半是在非洲的撒哈拉沙漠以南地區，30%是在南亞地區。

造成幼童死亡的最主要原因，是各種的傳染病及感染症。孩童的抵抗力比較弱，一旦生了病，死亡的風險也會比較高。要讓孩子們健康長大，除了要有充足的食物之外，乾淨的飲水、衛生的環境及醫院、醫生等醫療設施都不可少。

此外性教育也非常重要。年輕少女若能具備足夠的性知識，避免非預期的懷孕，也能夠減少嬰幼童的死亡人數。

日本政府打從70多年前起，就會發給孕婦「母子手冊」，用來記錄懷孕及生產期間的母子狀況，以及孩童的健康及成長狀況。近年來世界上許多國家都開始仿效日本的做法，保護母親及孩子的生命及健康。根據推估，全世界每年會印製2千萬本的「母子手冊」，平均每7名孕婦就有1人拿到了「母子手冊」。

在臺灣，稱為「孕婦衛教手冊」(媽媽手冊)，由國民健康署1995年開始發行至今。

相關的SDGs目標

3 良好健康和福祉

出處：Unicef、JICA

有這麼多幼小的孩童失去生命。

5歲以下孩童
每年的死亡人數
520萬人
（每6秒死亡1人）

絕大部分都是
可以預防和治療
的疾病。

出生28天之內死亡的新生兒，每年約240萬人。出生1個月至11個月死亡的嬰兒，每年約150萬人。1歲至4歲死亡的孩童，每年約130萬人。

死亡率最高的地區
撒哈拉沙漠
以南地區

非洲的撒哈拉沙漠以南地區，是5歲以下孩童死亡率最高的地區。平均每13名孩童，就有1名在5歲之前死亡。

懷孕或生產期間
死亡的女性
約30萬人

我沒辦法
獲得高品質的
醫療照顧。

撒哈拉沙漠以南地區與富足國家（高所得國家）相比，孕婦的死亡風險高了50倍。

許多國家都模仿日本發放母子手冊

「母子手冊」是懷孕期間及孩童成長的健康紀錄本，它被翻譯成了各種不同的語言，在世界上受到廣泛運用。

到目前為止，世界上
已經有大約50個國家及地區
開始使用母子手冊。

答案　❸ 1萬4千人

到目前為止，世界上已經有大約50個國家及地區開始使用母子手冊。

Q8

世界上平均壽命最長的國家是哪一國？

❶ 日本　❷ 美國　❸ 中國

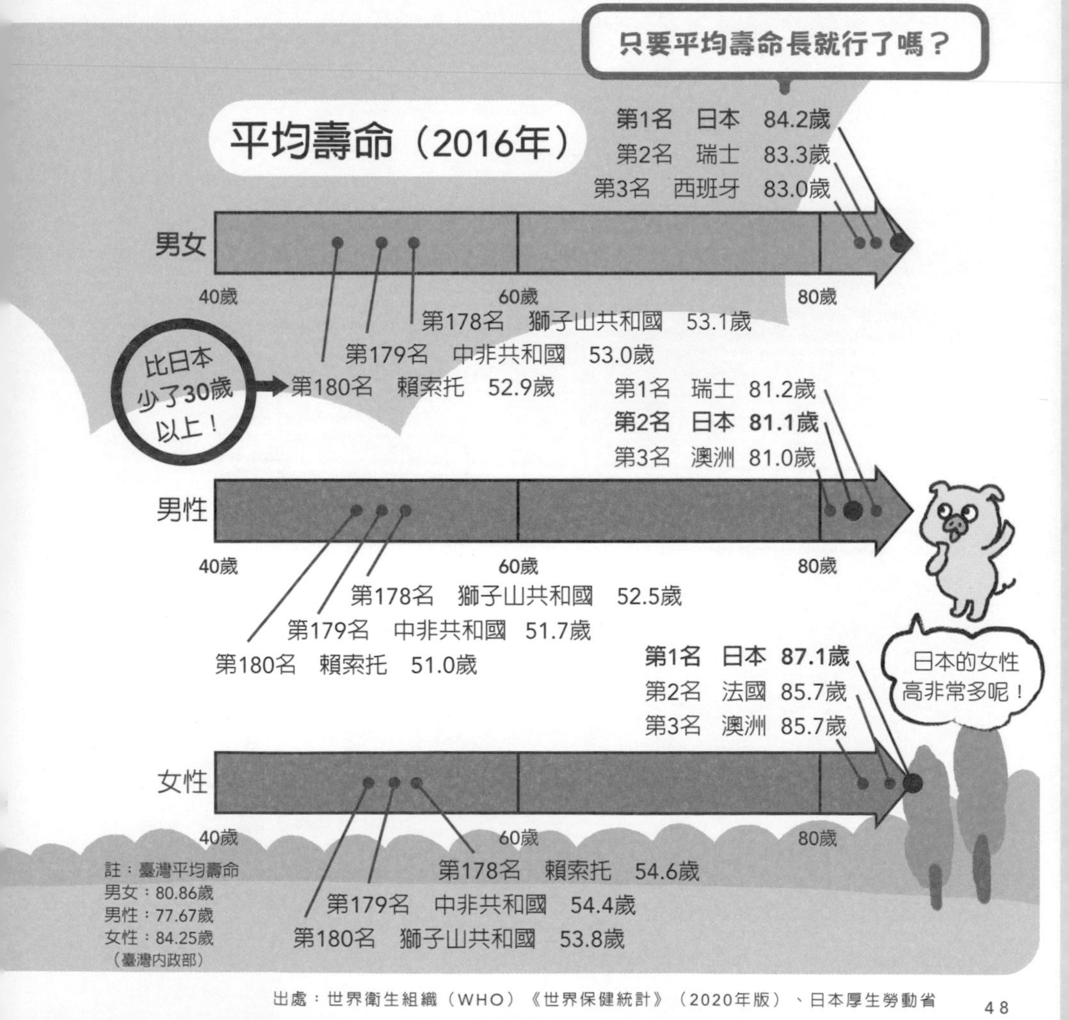

只要平均壽命長就行了嗎？
平均壽命（2016年）
第1名　日本　84.2歲
第2名　瑞士　83.3歲
第3名　西班牙　83.0歲
男女
40歲
60歲
80歲
第178名　獅子山共和國　53.1歲
第179名　中非共和國　53.0歲
第180名　賴索托　52.9歲
比日本少了30歲以上！
第1名　瑞士　81.2歲
第2名　日本　81.1歲
第3名　澳洲　81.0歲
男性
40歲
60歲
80歲
第178名　獅子山共和國　52.5歲
第179名　中非共和國　51.7歲
第180名　賴索托　51.0歲
第1名　日本　87.1歲
第2名　法國　85.7歲
第3名　澳洲　85.7歲
日本的女性高非常多呢！
女性
40歲
60歲
80歲
第178名　賴索托　54.6歲
第179名　中非共和國　54.4歲
第180名　獅子山共和國　53.8歲
註：臺灣平均壽命
男女：80.86歲
男性：77.67歲
女性：84.25歲
（臺灣內政部）

出處：世界衛生組織（WHO）《世界保健統計》（2020年版）、日本厚生勞動省

「平均壽命」與「健康壽命」

醫療制度相當健全的日本，是世界上出名的「長壽之國」。男女合計的平均壽命是84．2歲，不僅是世界第一，而且比第二名的瑞士（83．3歲）多了1歲以上。單看男性是僅次於瑞士的第二名，單看女性則是遙遙領先所有國家的第一名。

由於日本國民的衛生狀態及營養狀態都很好，再加上醫療技術進步，所以國民平均壽命很長。但是長壽的國家也有自己的煩惱。除了平均壽命之外，其實還有另外一種壽命。那就是能夠獨立生活，不需要接受協助或看護的壽命，稱作「健康壽命」。健康壽命會比平均壽命短，以日本為例，男性的健康壽命比平均壽命短9年，女性則短12年。想要一直過著健康康的生活，就必須要延長健康壽命，而不能只是延長平均壽命。

相關的SDGs目標

3 良好健康和福祉

重要的是延長健康壽命

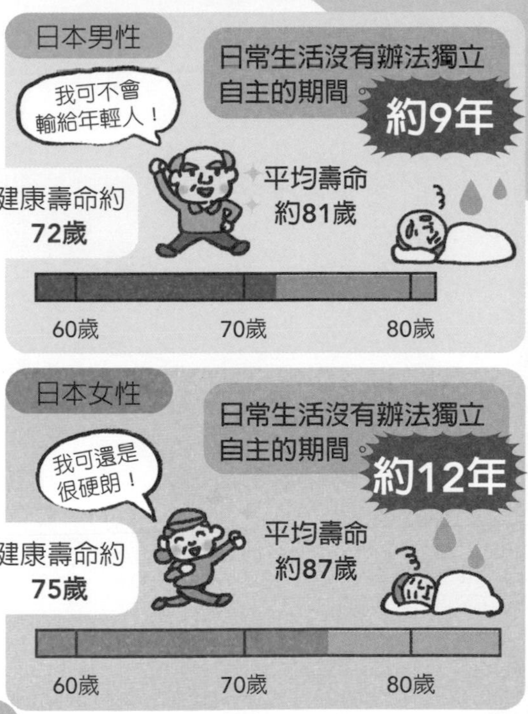
日本男性
日常生活沒有辦法獨立自主的期間
約9年
我可不會輸給年輕人！
健康壽命約72歲
平均壽命約81歲
60歲
70歲
80歲
日本女性
日常生活沒有辦法獨立自主的期間
約12年
我可還是很硬朗！
健康壽命約75歲
平均壽命約87歲
60歲
70歲
80歲

答案 ❶日本

日本是全世界最長壽的國家，但長壽的國家也有自己的煩惱。

我想要知道更多！

富足與壽命

有些專家認為各國的平均壽命明顯呈現出了「國家富足程度的落差」。貧窮國家的國民沒有辦法接受良好的醫療照顧，容易罹患癌症及糖尿病等疾病，這些都是造成壽命縮短的原因。

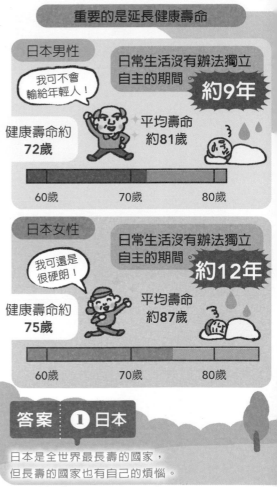

Q9

臺灣人死亡原因最高的是什麼？

❶ 癌症　❷ 交通事故　❸ 自殺

並非只有貧窮會引發健康問題

你有健康問題嗎？不僅是發展中國家的窮人。即使生活在像日本這樣的先進國家的人們也面臨著各種各樣的問題。

比如暴飲暴食、飲食不均衡（unbalanced diet）、缺乏運動等。由日常生活引發的心臟病、中風等疾病，都是是來自於生活習慣。

臺灣第一位死因是癌症，第二為心臟疾病、第三為肺炎、第四為腦血管疾病、第五為糖尿病，其中一大半都是來自於生活習慣。

SDGs的第3個目標，也包含了減少這一類的非感染症疾病。其實只要擁有良好的生活習慣，就可以在某種程度上預防大部分的文明病。

我想要知道更多！

日行8000步的好處

「走路」簡單易行，且不受時間和地點的限制，是最佳的運動方式之一。根據研究表示，每天走到8000步的人群心血管疾病死亡風險顯著降低51%，每天走到12000步的人，罹患心血管死亡風險更是降低了65%。

相關的SDGs目標

3 良好健康和福祉

出處：臺灣內政部、厚生勞動省「人口動態統計」

癌症、心臟病及腦中風合稱為「現代人的三大文明病（生活習慣病）」。

Q10

20年後，臺灣每幾個人就會有一個是老年人？

❶ 每3人就有1人 ❷ 每5人就有1人 ❸ 每10人就有1人

孩童越來越少，老年人越來越多……
1991年
高齡化率 ▸ 6.3%
每16人只有1人是老年人
真是舒適。
好輕！好輕！
平均每1個老年人都有
9.1個勞動者負責照顧。
當前支領世代
老人年金的制度，是當前勞動世代所繳的年金保險費，用來支付給當前的年金支領者。
國民年金
當前勞動世代

答案 ❶ 每3人就有1人

臺灣進入了高齡社會，
社會保險的費用會持續攀升。

出處：臺灣內政部、國家發展委員會

2個人照顧1名老年人？

每個人都可能因為生病或上了年紀而無法工作賺錢，所以我們的社會需要一套讓大家互相幫助的制度，這套制度就稱為「社會保險」。社會保險所提供的項目，包含了生病時的醫療服務、上了年紀之後的看護照顧、以及用來當作生活費的老人年金，而資金來源則是政府向國民和企業徵收來的稅金及保險費。

如今臺灣正面臨少子高齡化的問題，也就是出生的孩童越來越少，老年人越來越多。在這樣的情況下，社會保險的成本當然也會持續增加。

政府會將勞動世代所繳納的保險費，當成年金支付給年金支領世代。

2040年
高齡化率▶30.6%
每3人有1人是老年人
真是抱歉……
我撐不住了！
平均每1個老年人只有
2 個勞動者負責照顧。
當前勞動世代的
負擔變得太沉重了！

在1991年的時候，每16個人只有1人是65歲以上的老年人，平均由9名勞動者照顧1名老年人。但是到了2040年的時候，每3個人就有1人是老年人，平均照顧1名老年人的勞動者是2名。為了不讓年輕人的負擔太大，我們必須建立一套由所有世代的人互相照顧的新制度。

相關的SDGs目標

3 良好健康和福祉

8 尊嚴就業與經濟發展

Q11

全世界有多少孩童沒有辦法上國小？

❶ 每12人就有1人　❷ 每120人就有1人　❸ 每1200人就有1人

每個人都有受教育的權利

臺灣的教育制度相當完善，絕大部分的孩童都會上國小及國中。但是在這個世界上，存在著許多沒有辦法上學的孩童。

世界上每12名孩童就有1人沒有辦法上國小，總人數約5千9百萬人。其中非洲撒哈拉沙漠以南地區的孩童就占了3千4百萬人，超過了一半。該地區每5名孩童就有1人沒有辦法上國小。

沒有接受教育，就沒有辦法學會讀書識字及計算，很可能一直到長大都沒有辦法獲得必要的知識。這麼一來，就會很難從事收入安定的工作，只能過著窮苦的生活，甚至是遭到社會排擠。教育是幫助孩子們脫離貧窮、開創未來的一股力量。

接受教育是世界上每個人理所當然的權利，所有的國家應該共同努力，舉凡建設學校、培育教師及建立教育制度，以便讓所有的孩子都能到學校上課。

相關的SDGs目標

出處：聯合國教科文組織（UNESCO）《Fact Sheet no.56》

沒有受教育會發生什麼狀況？

沒有上國小的孩子
（6～11歲）

我也好想
上學……

每12人
有1人
（8%）

約5千9百萬人
（男孩子約2千7百萬人，
女孩子約3千2百萬人）

沒有上國中的孩子
（12～14歲）

我得工作
養活家人！

每6人
有1人
（16%）

約6千2百萬人
（男孩子約3千2百萬人，
女孩子約3千萬人））

如果沒有接受足夠的教育……

不識字

這上頭寫著
很重要的
事情嗎？
合約書

沒有辦法獲得必要的知識。

發生
什麼事情了？

不會計算

10元啦！
總共是……
5元的
有4個
……

沒有辦法選擇比較好的工作。

沒有
安定的收入……

答案　❶ 每12人就有1人

雖然這些年來沒辦法上國小的孩童已經越來越少了，但還是有約5千9百萬人。

Q12

這世界上有多少大人不識字？

❶ 每10人就有1人　❷ 每50人就有1人　❸ 每100人就有1人

不識字的大人大多是女性的理由

假設有一個人生病了，眼前放著兩隻瓶子，其中一隻瓶子上頭寫著「藥」，另一隻瓶子上頭寫著「毒」。如果這個人不識字，他就沒有辦法做出選擇。

世界上有6億1千7百萬個孩子沒辦法做到最基本的閱讀及計算。而且每10人就有1人一直到長大都不識字，人數約7億5千萬人，其中約3分之2是女性。

許多開發中國家的女性都不識字，你知道理由嗎？

理由之一是「貧窮」。許多家庭沒有辦法讓所有的孩子都到學校上學，這時通常會以男孩子為優先。背後的原因，往往是重男輕女的傳統觀念或慣例。有很多家長認為「女孩子讀書沒什麼用，只要會做家事就可以了」。

相關的SDGs目標

SDGs的推動方向

世界寺子屋運動
(World Terakoya Movement)

為了提供開發中國家的孩童及不識字的大人學習的機會，聯合國教科文組織（UNESCO）正在積極推動「世界寺子屋（私塾）運動」。如果你也想要為這個運動提供協助，可以捐出寫錯了的明信片或是沒有使用過的郵票。

出處：聯合國宣傳中心《SDGs報告2019》

不識字的人有多少？

沒辦法做到
最基本的閱讀及
計算的孩子
6億1千7百萬人

我不會算。
3+15=
4×8=

媽媽看不懂……
媽媽！
讀給我聽！
繪本

從小到大
都不識字的人
7億5千萬人
（每10人就有1人）

其中
3分之2
是女性！

開發中國家很多女性都不識字的理由……

貧窮	重男輕女的傳統觀念或慣例	學校太遠了

我們家很窮，只能讓男孩子上學。
妳是女孩子，只要在家裡做家事就行了，不必到學校讀書！
去上學很危險，妳還是待在家裡吧。

答案 ❶ 每10人就有1人 不識字會對人生造成非常多的負面影響。

Q13

世界上有多少孩子被迫工作？

❶ 每5人就有1人 ❷ 每10人就有1人 ❸ 每50人就有1人

臺灣人跟童工扯不上關係嗎？

孩童時期正是身心成長的重要時期，每個孩童都應該要透過教育學習必要的知識、技術及在社會上立足的方式。然而世界上有很多孩童沒有辦法上學，被迫做著沉重的工作。所謂的「童工」，指的就是這些為了工作而沒有辦法接受義務教育的孩童，或是做著未滿18歲依法不能從事的危險、有害工作的孩童。全世界的童工約有1億5千2百萬人，平均每10人就有1人是童工。

或許有些人會認為童工是遙遠的貧窮國家才會有的問題，跟臺灣人無關。但是臺灣的社會上充斥著由童工所生產的棉花、可可、服飾及巧克力，所以恐怕沒有辦法說這些都跟自己無關。

我想要知道更多！

公平交易

減少童工的方法之一，就是「公平交易」。貿易商人若能以合理的價格從生產國購買原料或產品，生產者就能獲得安定的收入，這麼一來就不會要求孩子從事勞動了。

相關的SDGs目標

出處：國際勞工組織（ILO）

童工真的跟我們「無關」嗎？

我想要買便宜
又漂亮的衣服！

消費者
希望商品
盡可能
便宜一點……

壓低材料的價格，
降低員工的薪水……

企業基於銷量及利潤考量，
會想盡辦法降低商品的成本。

收入太少，沒辦法生活，
你也得出去工作。
嗯……

開發中國家的生產者的收入減少，孩子們只好出去工作賺錢來貼補家用。

童工人數

男 約8千8百萬人（58%）

女 約6千4百萬人（42%）

合計約1億5千2百萬人

全世界5～17歲的孩童，每10人就有1人。

以衣服為例

棉花田	紡絲工廠	織布工廠	裁縫工廠
栽種及採收棉花。	將棉花製成絲線。	織出布料，染上顏色。	裁切布料，縫製成衣服。

需要這麼多的步驟，
才能製造出一件衣服。
在這些步驟的勞動者之中，
可能包含了一些童工。

好便宜，
是誰製造的？

只要賣出去，
企業就能
賺大錢。

答案 ❷ 每10人就有1人

被迫從事勞動工作跟孩童人數
多達1億5千2百萬人。

Q14

家事應該由誰來做？

❶ 女人　❷ 男人　❸ 都要做

先入為主的觀念會製造出性別歧視！

是否曾經有人對你說「因為你是男孩子女孩子，所以你應該怎麼做」？

我們的性別除了取決於身體構造之外，還會取決於社會及文化，這種性別就稱作「社會性別」（Gender，因男性與女性的社會職責與立場不同而產生的性別差異）。

「男主外，女主內」的刻板印象就是最好的例子。實際上應該會有男人希望「在家裡做家事或照顧孩子」，也會有女人希望「出去外面工作」。

這些先入為主的觀念及偏見往往會製造出性別歧視。如今全世界的共通目標，就是要消除這些社會性別上的男女差異，讓每個人的能力及特質獲得最大的發揮。

有一項調查稱為「性別落差指數」（Gender Gap Index，GGI），從經濟、政治、教育、健康這4個方向來評估男女之間的落差。日本在153個國家之中排名第121名，名次非常低，從後面數還比較快。（註：臺灣排名第36名）

看來日本要實現男女平等，還有著非常多的課題必須解決。而臺灣整體在性別表現有持續進步，但深究到部分問題，仍有許多努力空間。

相關的SDGs目標

5 性別平等

8 尊嚴就業與經濟發展

出處：世界經濟論壇《Global Gender Gap Report 2020》、行政院性別平等院

什麼是社會性別（Gender）？

取決於社會及文化的性別特質＝社會性別

女性特質

女孩子就應該要學鋼琴！

女孩子都喜歡紅色或粉紅色！

照顧小孩跟家事都應該由女人來做！

女人應該要溫柔而且端莊賢淑！

男性特質

男孩子都喜歡藍色！

男人應該要工作賺錢！

男兒有淚不輕彈！

我們不應該拘泥於一個人的社會性別，應該要尊重每一個人的個人特徵，打造出每個人都可以表現出自我特色的社會。

但是在日本……

日本
153國中
第121名（綜合）

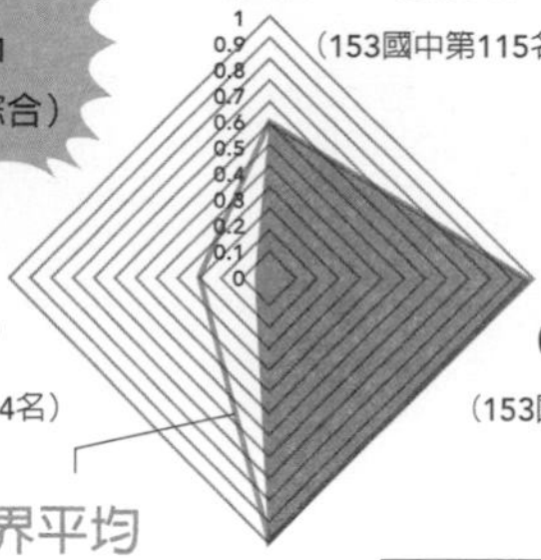

經濟 0.598（153國中第115名）
政治 0.049（153國中第144名）
教育 0.983（153國中第91名）
健康 0.979（153國中第40名）
世界平均

※1代表男女完全平等。

冰島
153國中
第1名（綜合）

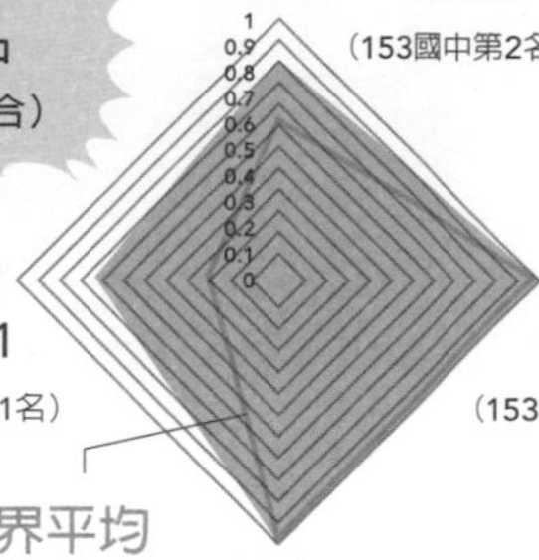

經濟 0.839（153國中第2名）
政治 0.701（153國中第1名）
教育 0.999（153國中第36名）
健康 0.968（153國中第123名）
世界平均

「性別落差指數2020」
世界排名第121名！

答案 ❸ 都要做

「家事應該要由女人來做」
只是先入為主的偏見，每個人都應該要做家事。

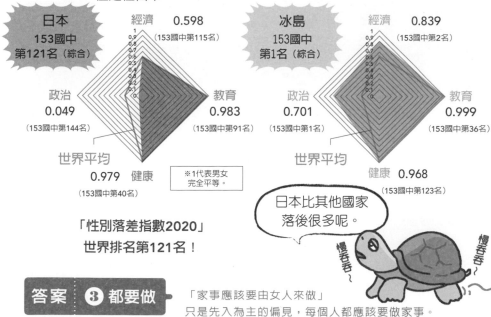

Q15

世界上哪個國家的女性國會議員最多？

1 日本　2 美國　3 盧安達

由女性領導，才能讓女性大展長才

「為什麼不管是總理大臣還是政治家，全部都是男性……？」當你在看日本的電視或報紙的時候，是否曾有過這樣的疑問？

據世界經濟論壇報導，日本國會（眾議院）女議員，只占了10．2%。換句話說，10個人中，只有一位是女性。而位於東非的盧旺達，女性議員的比例有61．3%，也就是5個人中有3個人是女性。而在臺灣，2022年的立法委員女性立委占總席次41．59%，參照國際組織「各國議會聯盟」（IPU）統計數據，女性國會議員比例已是亞洲之冠，世界排名第16名。而臺灣的性別不平等指數（Gender Inequality Index，GII）值為0．036（2021年資料），性別平等世界第七，榮登亞洲第一！

為了實現女性的積極參與和女性安居樂業的社會，必須讓女性擔任政治和企業的負責職務。

我想要知道更多！

34歲的女性總理誕生！

2019年底，北歐的芬蘭選出的新總理，一舉躍上了新聞版面。新總理不僅是女性，而且是全世界最年輕的總理，只有34歲。不知道哪一天，日本才會出現「新的總理大臣是女性」的新聞？

相關的SDGs目標

出處：各國議會同盟（IPU）

女性國會議員最多的國家（2019年）

第1名	盧安達	（61.3%）
第2名	古巴	（53.2%）
第3名	玻利維亞	（53.1%）
第4名	墨西哥	（48.2%）
第5名	瑞典	（47.3%）
第12名	芬蘭	（41.5%）
第17名	法國	（39.7%）
第39名	英國	（32.0%）
第47名	德國	（30.9%）
第72名	中國	（24.9%）
第76名	美國	（23.5%）
第120名	韓國	（17.1%）
第127名	北韓	（16.3%）
第160名	象牙海岸	（11.0%）
第164名	日本	（10.2%）

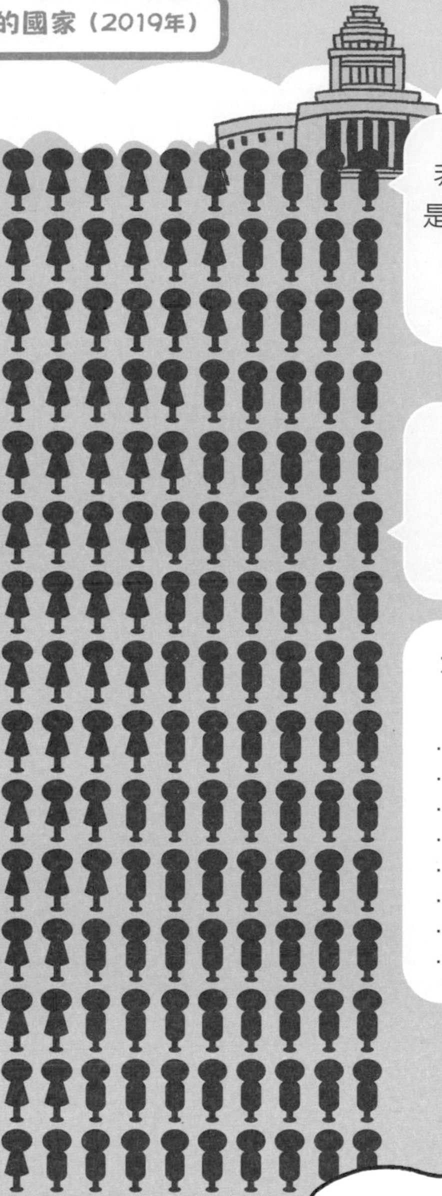

非洲的盧安達雖然
是相當貧窮的國家，
但女性也能在
社會上立足。

芬蘭到目前為止
已經選出過3位
女性總理。

元首是女性的國家
（2021年3月的資料）

- 德國
- 挪威
- 塞爾維亞
- 納米比亞
- 加彭
- 多哥
- 孟加拉
- 紐西蘭
- 冰島
- 丹麥
- 芬蘭
- 立陶宛
- 愛沙尼亞
- 巴貝多
- 中華民國

日本眾議院女性
議員比例（10.2%），
眾議院比例（20.7%）。

答案　❸ 盧安達

盧安達的憲法規定女性國會議員
的人數必須超過三成。

Q16

人類能夠使用的水，占了地球全部的水的幾%？

❶ 10%　❷ 1%　❸ 0.01%

地球的水在哪裡？
地球的水
總共約13.86億
立方公里
地下水、河川、湖沼
0.76%
（約0.11億立方公里）
海水（等）
97.47%
（約13.51億立方公里）
海水太鹹了，
沒辦法喝啦！
南極、北極的冰
就占了七成左右。
淡水
2.53%
（約0.36億立方公里）

出處：日本國土交通省水管理・國土保全局水資源部《平成26年版　關於日本的水資源》

水的行星上的水資源相當有限

地球有「水的行星」之稱，確實有著相當多的水，但是大約97．5％都是海水，淡水（不含鹽分的水）只占了約2．5％。

而且其中大部分是南北兩極的冰，剩下的也幾乎都是土壤裡的水分，或是位於地下深處的地下水。我們能使用的河川、湖沼的水只占了0．01％。這樣的比例有多少呢？如果將全部地球的水當成一個浴缸的水（200公升），那麼人類可以使用的水只有一小湯匙（20毫升）左右。

由於農業及工業的發展，以及人口增加，全世界的用水量一年比一年多。各國都出現了缺水的現象，再加上水質汙染、洪水災害的情況越來越頻繁，全世界的水資源問題可說是相當嚴重。

能夠使用的水這麼少？
河川、湖沼
約0.01%
（約0.001億立方公里）
假如把整個地球的水當成一個浴缸的水……
能夠使用的水只有一湯匙！

答案 ❸ 0.01%

很多人會以為地球的水多得用不完，但其實人類能夠使用的水相當有限。

相關的SDGs目標

6 潔淨水與衛生

我想要知道更多！

關於水的紛爭

全世界許多國家及地區都因為水資源的分配、汙染及開發問題而發生了紛爭。由於臺灣四面環海的關係，臺灣人很難想像許多跨越國境的河川及湖泊往往會成為紛爭的原因。

Q17

全世界有多少個國家，水龍頭的水可以直接喝？

❶ 9國　❷ 49國　❸ 90國

「水龍頭的水可以直接喝」並不是常見的

在日本，只要轉開水龍頭，就會有乾淨、衛生的水流出來。但是像這樣的國家，在世界上並不多。

根據調查，「水龍頭的水可以直接喝的國家」，在全世界只有9國（包含日本）。「可以直接喝，但是要稍微注意」的國家有21國。在臺灣，臺水公司供應的自來水符合飲用水水質標準，但用水會經過蓄水池和管線等，所以煮沸後再飲用比較好。

人類所利用的水資源，主要來自於河川，但是河川裡的水含有大腸桿菌之類對人體有害的細菌，因此必須建造淨水處理廠之類的設施，讓河水變成乾淨、衛生的水。家庭所排出的生活汙水，也會先經過汙水處理設施處理後，再排放回河川裡。

能夠隨時隨地都能獲得乾淨、衛生的水，就是因為擁有先進的淨水技術，以及嚴格的水質管理系統。

相關的SDGs目標

6 潔淨水與衛生

11 永續城市與社區

我想要知道更多！

如何避免汙染水資源

為了不讓家庭排出的汙水造成河川及海洋的汙染，我們每個人都要提醒自己盡量減少製造汙水。要將汙水稀釋成魚可以居住的狀態非常費水，油鍋的油 20 毫升要花 30 個浴缸（約 200 公升）的清水來稀釋，1 杯的牛奶要花 17 個浴缸的清水來稀釋。

出處：日本國土交通省《令和元年版　日本的水資源現況》、環境省

如何獲得乾淨的水
① 落在山上的雨水或雪水，會囤積在水壩內。
這裡就是製造乾淨自來水的工廠！
淨水處理廠
自來水源頭森林
水壩
② 淨水處理廠會讓來自河川的水變成乾淨、衛生的水。
加壓站
③ 乾淨的水會從淨水處理廠進入加壓站。
送水管
④ 接著這些水會經由地底下的送水管，流向每個家庭或學校的水龍頭。
每個家庭或學校
好好喝！
大海
答案 ❶ 9國
打開水龍頭就能得到乾淨美味的水，絕對不是一件理所當然的事。
水龍頭的水可以直接喝的國家，包含日本在內只有9國。雖然可以喝但是要稍微注意的國家，也只有21國！

Q18

全世界有多少人的家裡沒有洗臉臺？

❶ 3億人　❷ 10億人　❸ 30億人

讓全世界的人都獲得乾淨的水

隨著新型冠狀病毒肺炎的大流行，有越來越多人理解到洗手及漱口的重要性。但是在這個世界上，還有很多人沒有辦法獲得乾淨的「水」。

在沒有辦法獲得乾淨的水及衛生的廁所設備的環境裡，有很多孩童因為感染疾病或腹瀉而送命。因此我們以提供給他們水井、廁所等設備，並且宣導常洗手之類的正確衛生習慣等為推行目標。

相關的SDGs目標

SDGs的推動方向

100萬人洗手計畫

研發及販賣肥皂液及酒精手指消毒劑的 Saraya 公司，在 2010 年開始推動「100 萬人洗手計畫」。該公司將相關衛生商品的銷售額的 1%捐給聯合國兒童基金會（UNICEF），援助其在非洲烏干達所推廣的洗手運動。

出處：聯合國兒童基金會（UNICEF）

全世界有這麼多人因為水而煩惱
家裡沒有洗手臺、肥皂等基本的洗手設施。
30億人
沒有辦法把病毒洗掉。
沒有辦法獲得經過衛生管理的飲水。
22億人
這個水不乾淨啦！
其中有1億4千4百萬人只能直接使用湖水、河水、渠水等未經處理的地表水。
沒有最基本的衛生設施（廁所）
42億人
刺
其中有6億7千3百萬人的家裡或住家附近沒有能夠使用的廁所，只能在草叢之類的野外地方解決。
7億人
在2030年之前，這些人可能會因為缺水的問題，被迫離開原本的居住地。
哪裡有水？
原來隨時都有水可以用，是一件應該要珍惜的事情！

答案 ❸ 30億人

世界上有很多人沒有辦法使用洗手臺、廁所這些對我們來說相當熟悉的衛生設備。

Q19

蓮蓬頭提早關掉1分鐘，可以節省多少水？

❶ 2公升　❷ 12公升　❸ 120公升

絕大部分的水都使用在洗滌上

根據估計，一個人一天最少必須使用100公升的水。日本一般家庭的一天用水量，大約是一個人200公升。臺灣人每日自來水生活用水量是284公升。

其中約40%用來洗澡，約20%用來沖馬桶。絕大部分的水，都是使用在「洗滌」上。

地球上的水是相當珍貴的有限資源。每天一定要盡量省水，珍惜每一滴水資源。

蓮蓬頭1分鐘放著沒關，大約會浪費12公升的水，約相當於最大的寶特瓶（2公升裝）6瓶的份量。

洗手或沖澡的時候，要盡量縮短打開水龍頭的時間。洗餐盤之前，應該先將餐盤上的油漬擦掉。盡可能使用洗澡水來清洗餐盤。馬桶沖水的時候，要區分「大」跟「小」的沖水按鈕。只要像這樣在生活中稍微注意一下，每個人都可以對SDGs的省水目標盡一己之力。

這麼做除了是珍惜有限的水資源，也有助於減少水費及瓦斯費。不管是對地球還是對自己的錢包都是相當好的事情，可說是一舉兩得。

相關的SDGs目標

出處：日本東京都水道局《平成27年度　一般家庭水使用目的別實態調查》、臺灣自來水公司

家庭內的用水量

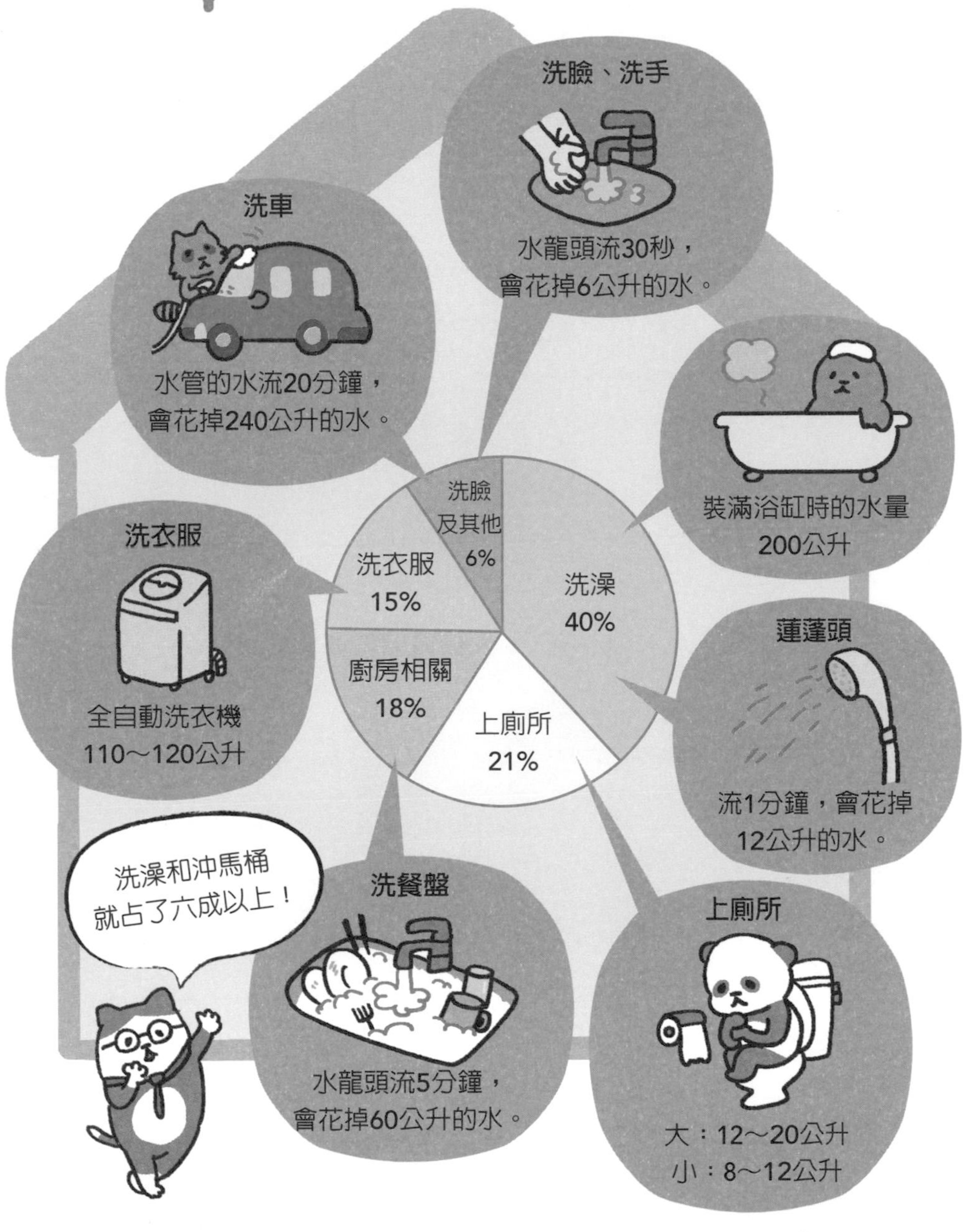

洗臉、洗手
水龍頭流30秒，
會花掉6公升的水。
洗車
水管的水流20分鐘，
會花掉240公升的水。
裝滿浴缸時的水量
200公升
洗衣服
全自動洗衣機
110～120公升
洗臉
及其他
6%
洗衣服
15%
洗澡
40%
廚房相關
18%
上廁所
21%
蓮蓬頭
流1分鐘，會花掉
12公升的水。
洗澡和沖馬桶
就占了六成以上！
洗餐盤
水龍頭流5分鐘，
會花掉60公升的水。
上廁所
大：12～20公升
小：8～12公升

答案 ❷ 12公升

相當於2公升裝的寶特瓶6瓶。
只要提早關掉1分鐘，就能省下這麼多的水。

Q20

石油還夠使用幾年？

❶ 50年　❷ 100年　❸ 500年

燃燒化石燃料會產生二氧化碳

地球的地底下，沉睡著石油、煤炭、天然氣等各種不同的能源，這些都是相當珍貴的有限資源。

目前已經確認可以採集的儲量，稱作「可採儲量」。將可採儲量除以年產量，稱作「可採年數」。這個數字會隨著技術的進步及經濟狀況而發生變化，並非恆久不變，但一般推估，石油和天然氣還能採50年，煤炭還能採132年，鈾還能採115年。

我們平常所使用的電力，主要是來自於以石油、煤炭、天然氣等化石燃料進行火力發電。但是燃燒化石燃料時，會產生大量的二氧化碳，這是加速全球暖化的原因之一。

相關的SDGs目標

7 可負擔的潔淨能源

13 氣候行動

我想要知道更多！

什麼是核能發電？

火力發電廠是在鍋爐裡燃燒石油和煤炭，藉此產生蒸氣來發電，而核能發電廠是在裝了水的核子反應爐裡讓鈾發生核子分裂，靠其熱能產生蒸氣。2011年的日本東北大地震引發核能發電廠事故，讓核能發電的危險性受到注目。

出處：日本核能文化財團

燃燒化石燃料會產生大量二氧化碳

可採儲量　根據經濟層面及技術層面來研判的可採集埋藏量。

	石油	天然氣	煤炭	鈾
	1兆3739億桶	199兆立方公尺	1兆696億噸	615萬噸
可採年數	50年（2019年底）	50年（2019年末）	132年（2019年末）	115年（2019年1月）

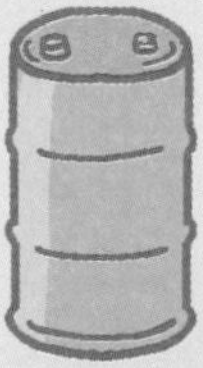

化石燃料

燃燒化石燃料的時候，會產生二氧化碳，
這是全球暖化的主因之一！

一旦燃燒化石燃料……

就會產生二氧化碳……

導致地球的氣溫上升！

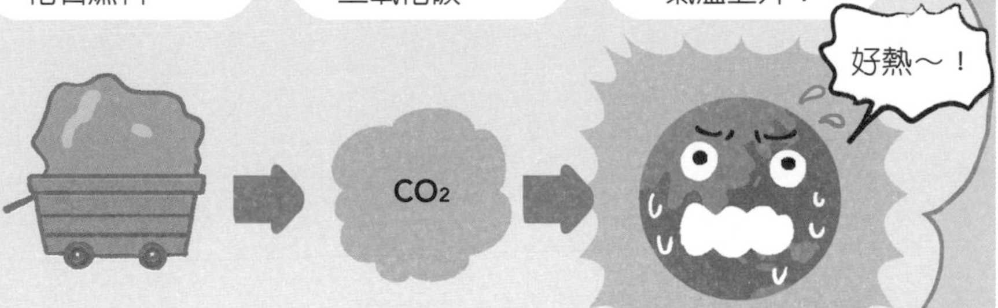

答案　❶ 50年

石油之類的化石燃料絕對不是取之不盡、用之不竭的能源。

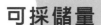

Q21

以下哪一種能源屬於可再生能源？

1. 石油
2. 天然氣
3. 太陽光

可再生能源將成為資源匱乏的國家的救星？

由於使用化石燃料會造成全球暖化，該使用什麼樣的能源一直是世界各國的共同煩惱。而且臺灣是一個能源相當匱乏的國家，九成以上的能源皆仰賴進口，導致能源問題在臺灣更顯得相形重要。

現代人眼中最重要的未來能源，是太陽能、水力、風力之類利用大自然力量的「可再生能源」。這些能源在製造的過程中幾乎不會產生二氧化碳，有助於預防全球暖化，而且不用擔心會有用完的一天，可以說是真正的永續性能源。

然而可再生能源很容易受到天候等自然環境的影響，一來電力供給不穩定，二來成本比較高，因此最好的做法是組合搭配各種能源，不要只仰賴單一能源。

相關的SDGs目標

7 可負擔的潔淨能源

13 氣候行動

我想要知道更多！

可再生能源的運用比例

根據臺灣經濟部能源局資料，2021 年發電來源佔比例為：火力發電 83.4%，其中 44.3% 為煤炭，37.2% 為天然氣。而核能發電為 9.6%、再生能源 6.0%、水力發電 1.1%。在再生能源中的占比，太陽能為 45.7%、生質能 21.6%、慣常水力 19.9%，風力 12.7%、地熱 0.1%。

出處：日本經濟產業省、臺灣經濟部能源局

什麼是可再生能源？

臺灣國內的電力來源組成（2021年）

臺灣仰賴火力發電，其占比83.4%，而再生能源僅占6%。為了實現淨零排放，政府計劃到 2050 年將可再生能源在總發電量中的比重提高到60～70%。並提出了「打造零碳能源系統」、「提升能源系統韌性」、「開創綠色成長」3大策略、9項措施來能源轉型。

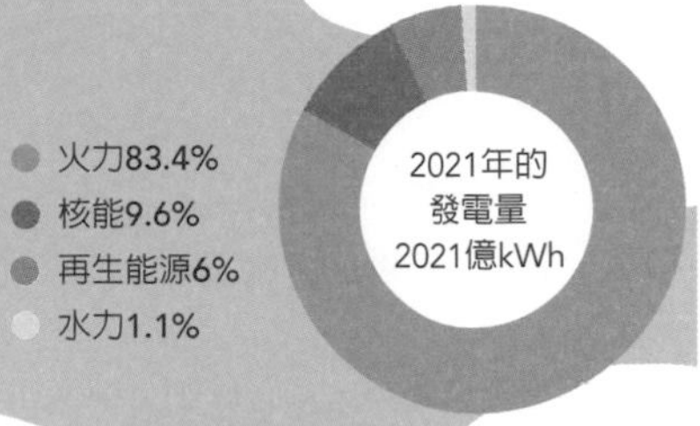

火力83.4%
核能9.6%
再生能源6%
水力1.1%
2021年的
發電量
2021億kWh

太陽能發電
將太陽光的能量
轉變為電力。
以風的力量帶動風車，
將動力轉變為電力。
風力發電
只要有風
就能持續發電。
現在有很多住宅
的屋頂都裝設了
太陽能發電板！
地熱發電
利用地底下的
溫度與地表的
溫度差距來發電。
水力發電
將水從高處往低處落下
的動力轉變為電力。
生物質發電
以植物、垃圾或動物的
糞便來發電。

答案 ❸ 太陽光

世界各國都在積極推廣太陽能、水力等「可再生能源」。

Q22

有尊嚴的勞動方式稱作「什麼Work」？

❶ Homework ❷ Decent Work ❸ Network

當前世界上的「勞動問題」
約2500萬人遭到強制勞動（2019年）
認真工作！
太過分了……
失業人口多達1億8千8百萬人（2019年）
我想應徵工作！
你們先排隊吧。
全世界3分之2的國家都有貧富差距擴大的問題（2019年）
我超級有錢！
只能勉強維持生活……
全世界約有一半的人一天的收入不到5.5美元
今天也只賺這麼一點點……

出處：國際勞工組織（ILO）

世界上存在著非常多「勞動問題」

你長大之後想做什麼樣的工作？每個人的夢想都不一樣，有些人希望賺很多錢，有些人希望受到尊敬。

SDGs的目標之一，是打造一個任何人都能工作得有尊嚴的社會。不僅能從中獲得成就感，而且能得到足夠的收入。像這樣的工作，就稱作「尊嚴勞動」（Decent Work）。

然而現實中還有很多問題尚待解決。舉例來說，目前世界上找不到工作的人多達1億8千8百萬人。還有，男性與女性的薪資差距太大也是一個問題。女性的薪資比男性的薪資少了12．5%。

在這個貧富差距不斷擴大的時代，想要打造一個讓每個人都能獲得尊嚴的社會，就必須思考如何實現「尊嚴勞動」。

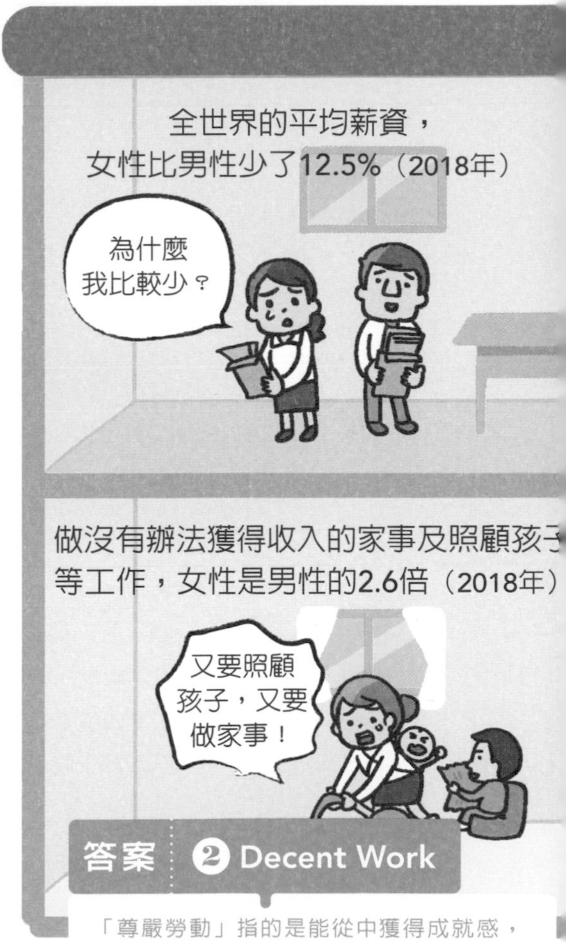
全世界的平均薪資，
女性比男性少了12.5%（2018年）
為什麼我比較少？
做沒有辦法獲得收入的家事及照顧孩子等工作，女性是男性的2.6倍（2018年）
又要照顧孩子，又要做家事！

答案 ❷ Decent Work

「尊嚴勞動」指的是能從中獲得成就感，而且能得到足夠收入的工作。

相關的SDGs目標

5 性別平等

8 尊嚴就業與經濟發展

我想要知道更多！

年輕人不工作的問題

全世界約有5分之1的年輕人處在「尼特族」（NEET，Not in Education, Employment or Training）的狀況，也就是「不上學，不工作，也不接受職業訓練」，其中有3分之2是女性。隨著AI（人工智能）的發展，這些年輕人會越來越找不到工作。

Q23

在日本，將剝削員工的企業稱為什麼？

❶ 白色公司　❷ 灰色公司　❸ 黑心企業

工作多是好事？

經濟增長意味著一個國家變得更加富裕，但這些經濟增長的背後，如果是人們得犧牲自身的收入和健康，我們就不能指望這樣的經濟增長。

在日本，工作是一種怎樣的體驗？在有著「工作多是好事」觀念的日本，遍布著低薪、超時工作、過度加班、老闆的職場騷擾（權力騷擾）的「黑心企業」。過度勞累是一個社會問題，非正規就業和男女工資差距也是主要問題。

隨著工作方式改革的號召，日本也到了反思過去工作方式的時候。需要一個「像人一樣工作的社會」，也是SDGs的訴求目標。

在臺灣，常常會聽到不合理的「責任制」，但勞基法對責任制是有規範、有條件限制，也有相對應的保障！

我想要知道更多！

日本人的工作方式太缺乏效率？

日本的勞動生產性（工作的效率高低）比其他先進國家低得多。根據《勞動生產性的國際比較》，日本的每小時生產性為 47.9 美元，相當於美國（77.0 美元）的 3 分之 2。可見得日本人必須對工作方式做一番改革才行。

相關的SDGs目標

8 尊嚴就業與經濟發展

出處：日本總務省統計局《勞動力調查》、厚生勞動省《薪資構造基本統計調查》、日本生產性本部《勞動生產性的國際比較2020》

日本的「工作」有著什麼樣的問題？

非正職雇用問題

非正職人員的比例

37.4%
男性 22.4%
女性 54.4%
請幫我加薪吧……

非正職人員的薪資比正職人員少，造成了不公平的問題。

男女的薪資落差

女性的薪資為男性薪資的

74%
338萬日圓
251萬日圓
男性
女性
明明做的是一樣的工作。

有薪資落差的原因，就在與非正職人員多為女性。

勞動人口減少

大約 **10年** 之後

勞動人口會減少 8%

2019年：6886萬人
2030年：6349萬人

我也得工作才行……

日本因少子高齡化的關係，勞動人口會持續減少。

黑心企業問題

對員工不友善的企業

工作時間過長
加班時間過長
薪資太低
職權騷擾

有些企業存在著許多內部問題，例如加班時間太長、薪資太低、上司會對部下職權騷擾或性騷擾等。

答案 ❸ 黑心企業

雖然日本持續進行著「勞動改革」，但是黑心企業問題遲遲無法解決。

Q24

手機的通訊速度在過去30年成長了幾倍？

❶ 10倍　❷ 1000倍　❸ 10萬倍以上

「數位落差」也是一大問題！

你是不是也常觀看YouTube，或是以SNS（Twitter或Instagram等）跟全世界的朋友聊天？我們能過這麼方便的生活，全是拜網路所賜。

網路改變了我們的生活，也改變了人與人之間的溝通方式，未來還會有各種新的服務陸續誕生。

以手機（智慧型手機）連接網路，傳遞聲音、照片或影片的行為，就稱作「通訊」。

大約40年前，手機剛誕生的時候，只能傳遞聲音。但隨著通訊技術的發展，如今我們已經能夠傳遞照片或影片。2020年起，更進入了「5G」時代，資料的傳遞速度比以前更加快速。從數位通訊技術剛問世的1993年，到現在約過了30年，通訊速度成長了超過10萬倍。

先進國家能夠善加活用數位技術，但是開發中國家的數位技術普及速度卻慢得多。想要讓世界各國善加活用革新技術來發展產業，就必須設法消除這種「數位落差」。

相關的SDGs目標

9 產業創新與基礎建設

11 永續城市與社區

出處：日本總務省

ICT是達成SDGs的引擎！

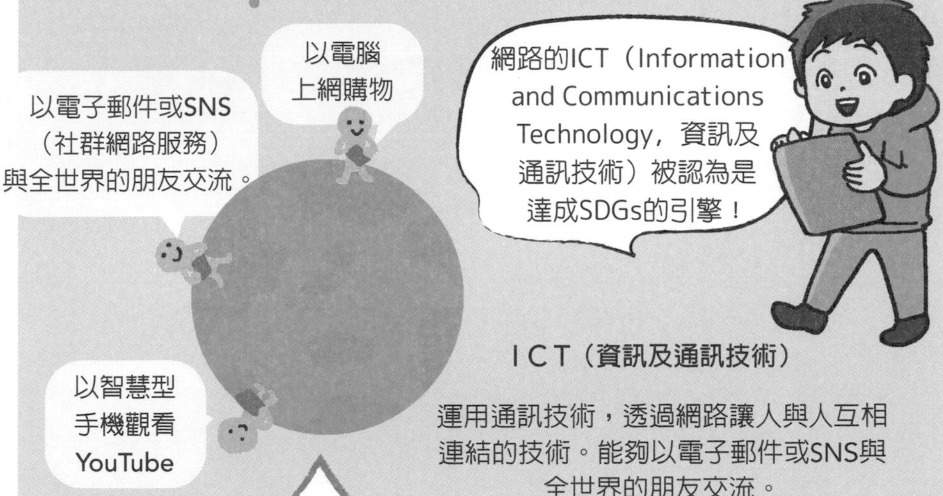
以電子郵件或SNS（社群網路服務）與全世界的朋友交流。
以電腦上網購物
網路的ICT（Information and Communications Technology，資訊及通訊技術）被認為是達成SDGs的引擎！
以智慧型手機觀看YouTube

ICT（資訊及通訊技術）

運用通訊技術，透過網路讓人與人互相連結的技術。能夠以電子郵件或SNS與全世界的朋友交流。

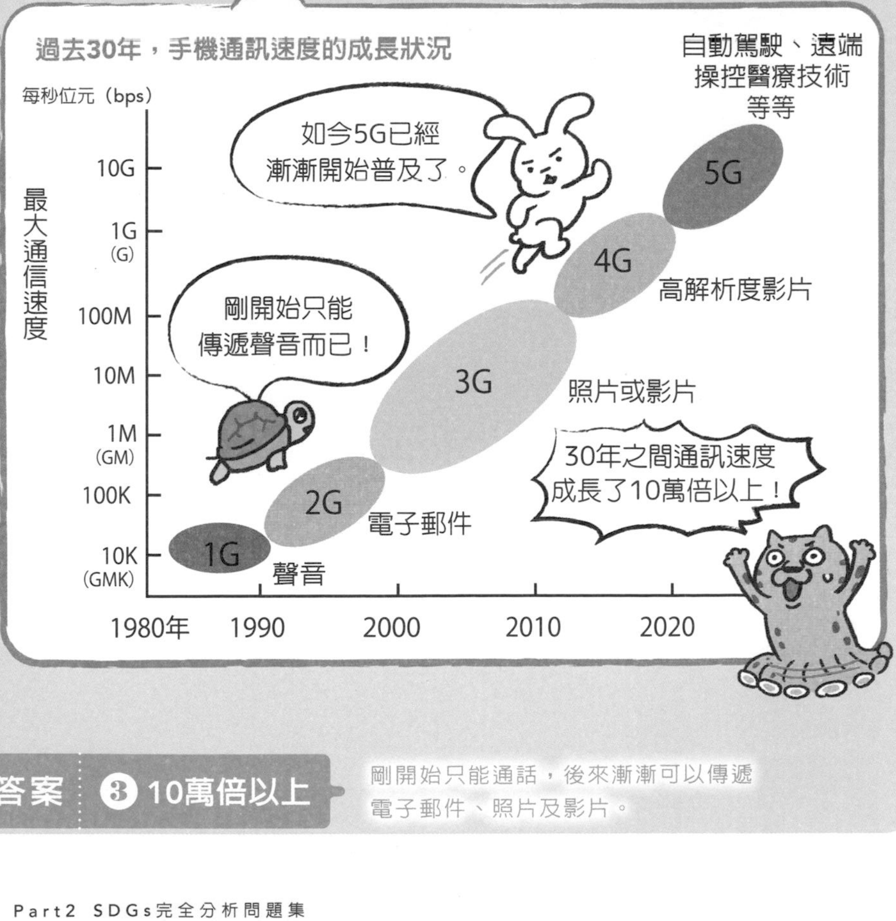
過去30年，手機通訊速度的成長狀況
每秒位元（bps）
最大通信速度
10G
1G
(G)
100M
10M
1M
(GM)
100K
10K
(GMK)
1980年
1990
2000
2010
2020
1G
聲音
2G
電子郵件
3G
照片或影片
4G
高解析度影片
5G
自動駕駛、遠端操控醫療技術等等
如今5G已經漸漸開始普及了。
剛開始只能傳遞聲音而已！
30年之間通訊速度成長了10萬倍以上！

答案 ❸ 10萬倍以上

剛開始只能通話，後來漸漸可以傳遞電子郵件、照片及影片。

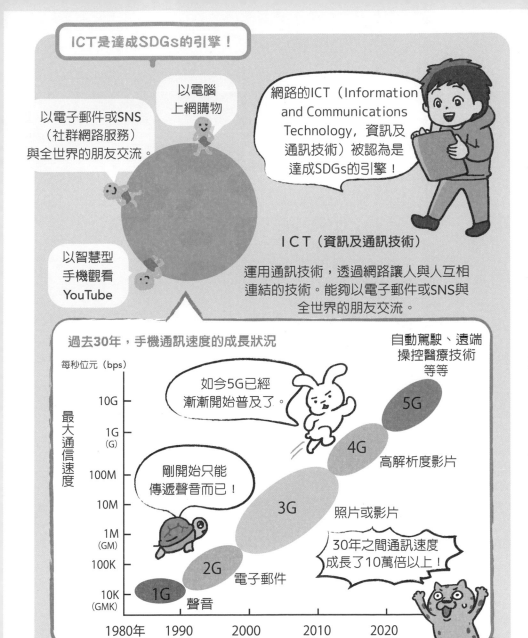

Q25

全世界有多少國家（地區）屬於開發中國家（地區）？

❶ 46　❷ 96　❸ 146

世界各國必須同心協力，才能解決問題

我們過著不缺食物、飲水及衣物的生活，汽車可以行駛在平坦的道路上，學生能夠到學校上課，生了病可以到醫院就診。但只要看看全世界的狀況，就能夠明白這樣的生活絕對不是理所當然。

全世界總共有196個國家（地區），其中有146個國家（地區）都屬於產業及技術發展較落後的「開發中國家（地區）」。住在這些國家和地區的人，每天的收入都很少，就算生了病也沒有辦法看醫生，孩子也沒有辦法到學校上課。住在開發中國家或地區的人口占了全世界人口的八成。

像日本、美國那樣有著各種高度發展的產業及經濟的國家，就被稱作「先進國家」。住在先進國家的人雖然過著衣食無缺的生活，但許多食物及衣物都來自於開發中國家。因此對於許多開發中國家的問題或是全球性的問題，我們都應該要認真思考解決對策，不能認為與自己無關。

想要讓全世界的所有人都過著和平且富足的生活，世界各國一定要攜手合作，共同解決問題才行。

相關的SDGs目標

10 減少不平等

17 夥伴關係

出處：日本外務省

先進國家應協助開發中國家解決問題

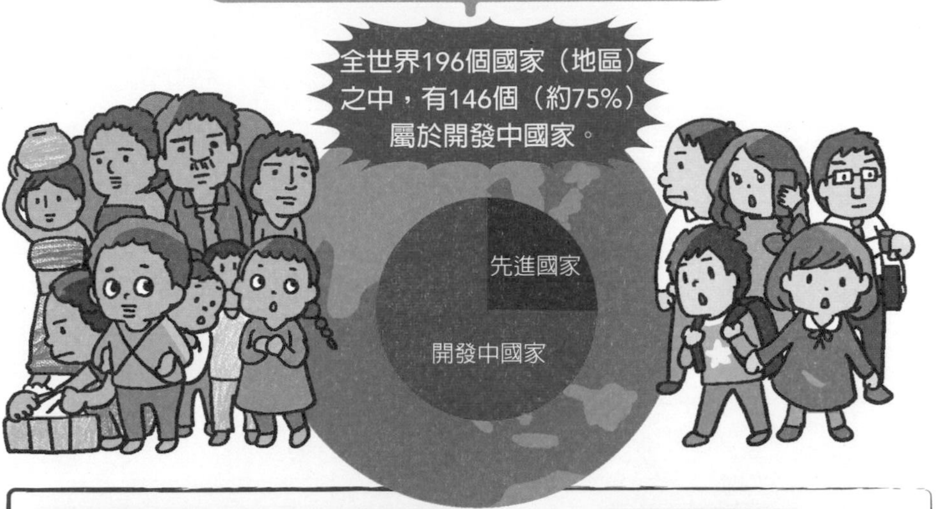
全世界196個國家（地區）
之中，有146個（約75%）
屬於開發中國家。
先進國家
開發中國家

開發中國家所面臨的各種問題

- 因為貧窮，生活過得很苦。
- 缺乏值得信賴的醫療系統。
- 沒有完善的基礎建設。
- 爆發衝突或戰爭。
- 有些孩子沒辦法到學校上課。
- 有著嚴重的舞弊或貪汙問題。
- 沒有乾淨衛生的飲水。
- 男女地位有著很大的落差。

政府或企業團體

- 提供經濟援助或是技術指導，協助發展產業。
- 無償推動國際合作，協助解決問題。

提升教育品質。

打造基礎建設。

個人

- 捐款或捐贈物資。
- 參加海外義工活動。
- 瞭解開發中國家（地區）的生活狀況，思考自己可以提供的協助。

過著什麼樣的生活呢？

有什麼問題嗎？

答案 ❸ 146

產業及技術較落後的開發中國家，
全世界共有146國，占了全體的75%。

Q26

全世界有多少無家可歸的難民？

① 1千人中就有1人　② 500人中就有1人　③ 100人中就有1人

全世界到處都有流離失所的難民

世界上有很多人因為宗教信仰和民族的差異，遭受迫害或暴力對待，導致無家可歸，這些人就稱作「難民」。如今難民的人數一年比一年多，2019年時已經達到7千9百50萬人。

收容這些難民的場所，就稱作「難民營」。難民營的規模有大有小，大多數是由國際援助團體提供住處，以及食物、飲水及生活必需品。

對這些難民而言，最好的情況當然是回歸故鄉。但如果沒有辦法回歸故鄉，就必須要找個地方展開新的生活。開啓新生活的候選地點，通常是先進國家，或是社會及經濟比較穩定的國家。要解決難民問題，必然需要國際之間的合作。日本雖然也接納了一些難民，但是跟其他先進國家相比，人數算是相當少。（註：臺灣至今仍未通過難民法。）

相關的SDGs目標

10 減少不平等

16 和平正義與有力的制度

我想要知道更多！

發起援助羅興亞人的國小學生

羅興亞人（Rohingya people）是一群在東南亞的緬甸遭受迫害，只能住在難民營裡的伊斯蘭教徒。2020 年，有 4 名住在日本群馬縣的國小學生在網路上發起募款活動，援助羅興亞人的孩童。他們募集到的捐款，是當初的目標的 30 倍以上，這些錢都被送到了難民營的學校裡。

出處：聯合國難民事務高級專員辦事處（UNHCR）

流離失所的難民們

難民

為了躲避政治迫害、武力紛爭或人權侵害，而越過了國境，向其他國家尋求協助的人。

國內流離失所者

基於紛爭之類的理由，被迫逃離家園，過著避難生活，但是沒有越過國境的人。

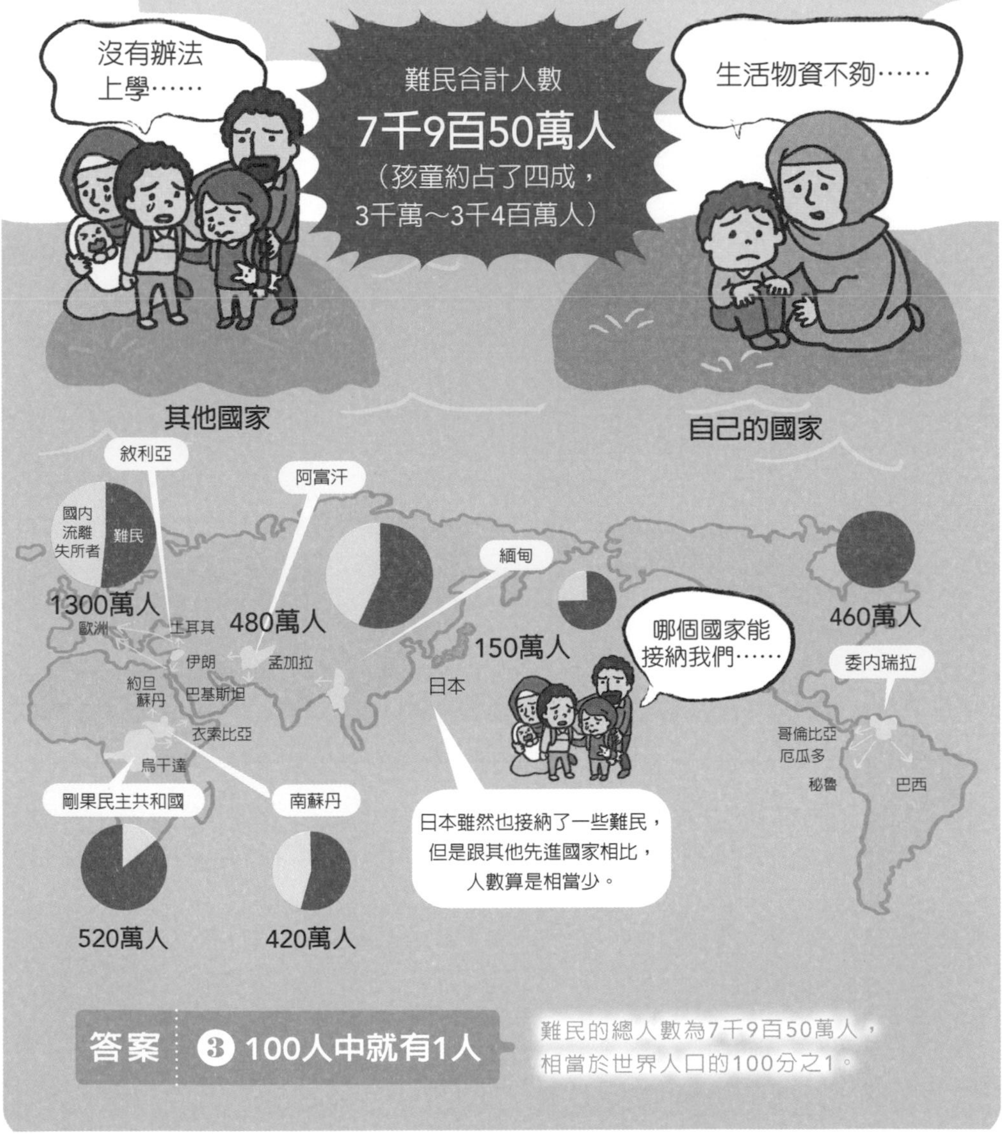
沒有辦法上學……
難民合計人數
7千9百50萬人
（孩童約占了四成，3千萬～3千4百萬人）
生活物資不夠……
其他國家
自己的國家
敘利亞
國內流離失所者
難民
1300萬人
阿富汗
480萬人
緬甸
150萬人
460萬人
委內瑞拉
歐洲
土耳其
伊朗
孟加拉
約旦
蘇丹
巴基斯坦
衣索比亞
烏干達
日本
哪個國家能接納我們……
哥倫比亞
厄瓜多
秘魯
巴西
剛果民主共和國
南蘇丹
520萬人
420萬人
日本雖然也接納了一些難民，但是跟其他先進國家相比，人數算是相當少。

答案　❸ 100人中就有1人

難民的總人數為7千9百50萬人，相當於世界人口的100分之1。

讓歧視從世界上消失！

這個世界上充斥著各種的歧視現象。想要消除人與人之間，或者是國家與國家之間的不公平，建立永續維持的社會，就必須要消除這些歧視。

SDGs 小專欄

對移民者或難民的歧視

許多移民者或難民是基於民族、宗教或其他各種理由，才被迫離開家鄉，但他們在世界上的許多國家都受到歧視或差別待遇。

因種姓制度（Caste）的社會階級而產生的歧視

在南亞的印度，自古以來就有著名為「種姓制度」（Caste）的身分階級。階級較低的人，只是單純因為出生在較低的階級，卻會因此而遭受各種歧視。

正因為有差異，才能有新的發現

大多數的人，應該都曾聽父母或學校老師告知「不能對他人抱持歧視或偏見」、「不能霸凌他人」，然而歧視及霸凌卻遲遲無法從社會上徹底消失。

這個世界充斥著各種的歧視及不公平現象。例如移民者很容易遭受歧視。所謂的移民者，指的是從原本的國家移居到其他國家的人。移居國的國民可能會認為「薪資要求較低的移民者搶走了自己的工作」，或是不希望看見不同的宗教或文化進入自己的國家，因而歧視或排擠這些移民者。

有些歧視是特別針對女性。例如女孩子沒有辦法上學，或是在工

對身障人士的歧視

有些人因為身體損傷的關係，找不到工作或是沒有辦法接受某些服務，這些都是不應該出現的現象。

對女性的歧視

有些人只因為身為「女性」，就遭受各式各樣的歧視，例如被迫要在家裡做家事，沒辦法到學校上學，或是不被交付重要的工作。不管是男性還是女性，都應該在社會上受到公平對待。

對性少數者的歧視

喜歡的對象跟自己同性，或是身體跟心靈的性別不同，這種情況的人就稱作「性少數者」（Sexual minority），又稱作 LGBT。像這樣的人往往會在很多時候遭受歧視對待，我們應該要建立起能夠包容這些人的社會。

作上沒有辦法勝任管理階級等等，在許多方面都有可能受到不公平的對待。

大多數的歧視及不公平現象，都來自於國籍、人種、語言、文化、性別、年齡、想法或價值觀的差異。但是只要仔細想一想就能明白，別人跟自己不一樣是理所當然的事情。正因為不一樣，才更需要互相理解，從中一定能夠有非常多的新發現。

有著各種不同種類及傾向的狀態，就稱作「多元化」。這是一個相當重要的觀念，我們應該要理解他人與自己的不同，並且接納這些不同處。只要每個人都能做到這一點，相信一定能夠讓歧視從世界上消失。

Q27

哪一項是生活中不可或缺的「基礎建設」？

1 牛奶　2 道路　3 遊戲

沒有基礎建設，會出現什麼樣的問題？

我們能夠過便利的生活，是因為有各種「基礎建設」的關係。

「基礎建設」（infrastructure），意思就是維持日常生活的各種基本設施，例如道路、橋梁、製造電力的發電廠、輸送水的排水管等等。除此之外，像是醫院、學校、公園等等，能夠讓我們生活得更加安心及安全的設施，也可以算是基礎建設。

在一些貧窮的國家，有很多地區並沒有完善的基礎建設。缺乏基礎建設不僅會讓生活變得不方便，而且也會造成國家的經濟發展速度緩慢。

舉例來說，非洲的開發中國家因為缺乏基礎建設的關係，企業的生產性降低了40%。

只要能夠有完善的基礎建設，生產性就會提升，收入也會增加。交通的相關建設及設施，也能夠改善人民的生活，促進經濟成長。因此要讓貧窮的國家變得富足，先進國家就必須持續協助其建立完善的基礎建設。

政府也必須要隨時做好準備，當發生地震、颱風之類的災害發生時，要能夠以最快的速度修復這些基礎建設。

相關的SDGs目標

9 產業創新與基礎建設

11 永續城市與社區

出處：聯合國宣傳中心《永續發展目標（SDGs）一事實與數字》

日常生活中的「基礎建設」

基礎建設＝生活中不可或缺的必要設施

交通
道路、鐵路、
機場、港口等等。
電力
ICT
資訊及通訊技術
自來水
如果有完善的
基礎建設……
如果沒有完善的
基礎建設……
工作的效率會提升，
收入也會增加……
效率提升！
收入增加！
經濟快速發展！
國家變得
富足多了！
不管是貨物的運輸
還是資訊的傳遞
都相當困難……
企業的生產性
降低40%！

答案 ❷ 道路

基礎建設是維持我們日常生活
的基本設施。

Q28

橋梁及隧道的壽命有幾年？

❶ 25年　❷ 50年　❸ 100年

橋梁與道路在悲鳴

基礎設施建設在貧窮國家是一個挑戰，相對的，基礎設施老化的問題，就會出現在像是日本等發達國家之中。

西元1964年的東京奧運會是日本經濟快速發展的催化劑。當1959年決定了舉辦奧運會後，東京的基礎設施建設立即如火如荼的開展。許多橋梁、隧道、河流管理設施和下水道都是在1960至1970年代建造的。

基礎設施的標準壽命（耐用壽命）為50年，日本越來越多的基礎設施即將達到其使用壽命。維護和修理是必要的，以防止因老化而發生事故。然而最大的困難在於經費與人員不足，無法及早汰換。

臺灣有2萬多座橋梁，大量建設於民國60年，橋齡30年以上的占了50%，也面臨著老化的危險。

相關的SDGs目標

我想要知道更多！

以最新的技術建造可以長久維持的基礎建設

基礎建設的維持，需要耗費龐大的資金及人力，因此有許多專家開始嘗試新的做法。例如以最新的技術來延長基礎建設的壽命，或是利用無人機及AI（人工智能）來進行定期檢查，藉此降低維護的費用。

出處：日本國土交通省、臺灣交通部

日本的基礎建設已經快到使用年限了？

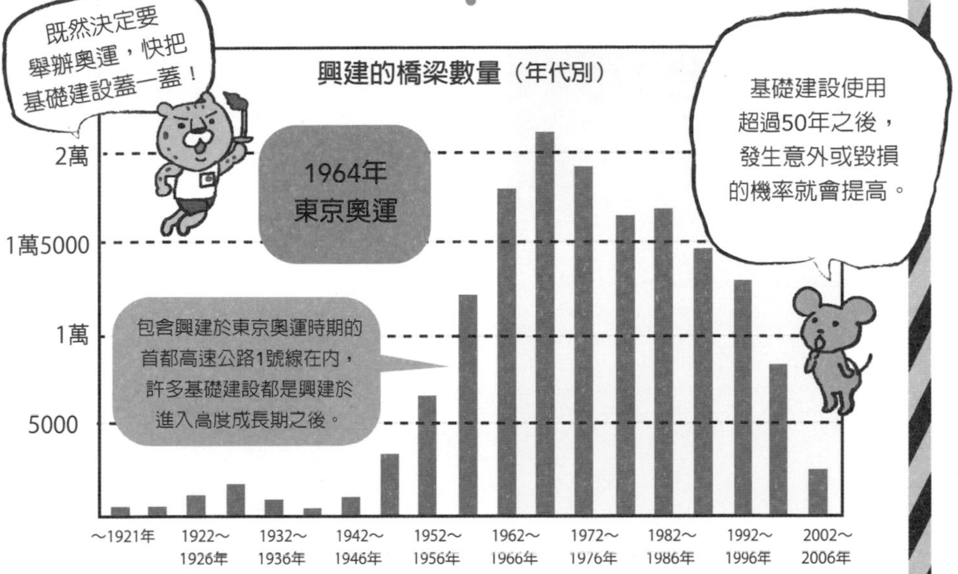

既然決定要舉辦奧運，快把基礎建設蓋一蓋！
興建的橋梁數量（年代別）
基礎建設使用超過50年之後，發生意外或毀損的機率就會提高。
2萬
1萬5000
1萬
5000
1964年
東京奧運
包含興建於東京奧運時期的首都高速公路1號線在內，許多基礎建設都是興建於進入高度成長期之後。
～1921年
1922～1926年
1932～1936年
1942～1946年
1952～1956年
1962～1966年
1972～1976年
1982～1986年
1992～1996年
2002～2006年

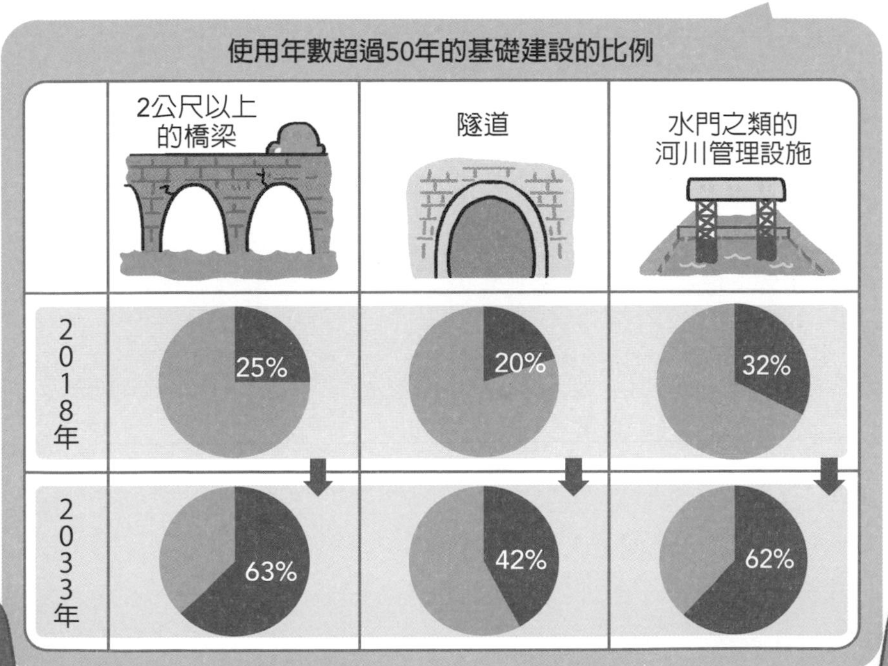

使用年數超過50年的基礎建設的比例
2公尺以上的橋梁
隧道
水門之類的河川管理設施
2018年
25%
20%
32%
2033年
63%
42%
62%

答案 ❷ 50年

使用超過50年之後，橋梁之類的結構物就比較容易發生坍塌的意外。

Q29

全世界有多少人居住在都市裡？

❶ 每2人就有1人　❷ 每5人就有1人　❸ 每10人就有1人

人口越多，問題也越多

當你說起「都市」，你的心裡會浮現什麼樣的街景？像現在的臺北那樣，高樓大廈林立，每一班捷運都擠滿人？

如今全世界的人口有一半（約35億人）居住在都市地區。根據推估，到了2050年的時候，這個比例會增加到3分之2，大約是65億人。

太多人聚集在一起，會發生很多問題。

在開發中國家，許多窮人聚集在一起會形成「貧民窟」，往往是犯罪的溫床。除此之外，空氣汙染及髒亂的問題也會變得嚴重。

我們除了要解決這些問題，讓都市的居民能夠過得更加安全舒適之外，還應該要打造出即使發生災害也不用擔心的強韌都市。

我想要知道更多！

偏鄉地區也要維持熱絡

臺灣的人口大多集中在都市地區，再加上少子高齡化的影響，導致偏鄉地區出現了勞動人口不足的問題。事實上偏鄉地區有著許多都市所沒有的魅力，例如美麗的大自然景觀，以及獨特的文化等等。偏鄉地區應該設法利用這樣的資源，讓地區維持活力與熱絡。

相關的SDGs目標

11 永續城市與社區

出處：聯合國《世界都市人口預測・2018年改訂版》、國家發展委員會

都市地區聚集太多人會發生什麼樣的問題？

窮人居住的貧民窟越來越多，治安明顯變差了。
附近沒有公園，發生災害時沒有地方可以避難。
空氣汙染及髒亂問題越來越嚴重！
路上總是大塞車。
住的地方不夠多，房租非常貴。

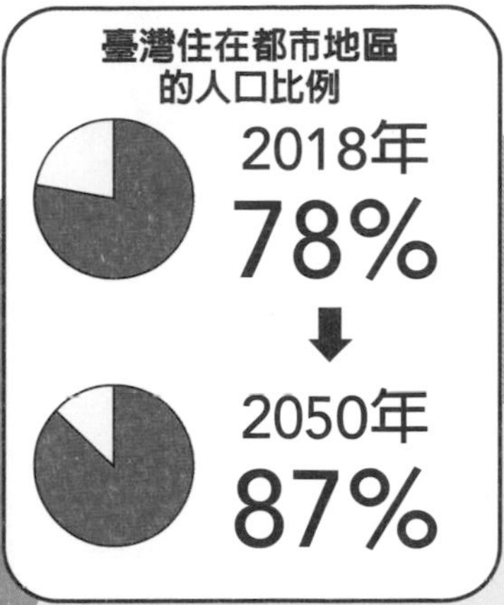

臺灣住在都市地區的人口比例
2018年
78%
2050年
87%

臺灣住在都市地區的人口，到了2050年會達到全人口的九成。想要打造出安全而且承受災害能力強的都市，還有很多困難必須克服。

什麼樣的城鄉可以永續維持且住起來舒適？

就算是弱勢族群，也應該要住起來安全舒適。除此之外，交通方便性、大自然的維持，以及災害抵禦能力也很重要！

租金很便宜，但是房子建得很穩固呢。
老年人、身障人士、外國人也能住得安心舒適。
社區居民都會互相幫助！
公園及綠地在發生災害時能當作避難所。
大眾運輸系統安全又方便！

答案 ❶ **每2人就有1人**

在1950年的時候，臺灣每3人只有1人住在都市地區（30%）。

Q30

日本有多少處世界遺產？

❶ 3處　❷ 13處　❸ 23處

代代傳承的「地球之寶」

世界遺產是依據1972年所締結的《世界遺產公約》（The World Heritage Convention），於世界各地挑選出來的地球之寶。可分成三大類，第一類是作為文化財加以保護的「文化遺產」，第二類是以未受人為破壞的大自然環境為對象的「自然遺產」，第三類則是兼具兩者的「複合遺產」。

到2021年3月為止，世界遺產的登錄件數共有1千1百21件，涵蓋167個國家及地區。日本登錄了23件，包含知床、富士山、原爆圓頂館等。（註：臺灣未列聯合國，因此並無登錄世界遺產。）

世界上有許多世界遺產因全球暖化、氣象異常及戰爭等因素，而承受著遭到破壞的風險。這些世界遺產都是必須要代代傳承下去的「地球之寶」，我們應該要集結全世界的智慧、技術及資金，努力拯救。

相關的SDGs目標

11 永續城市與社區

我想要知道更多！

另外還有日本文化廳所挑選的日本遺產

日本的文化廳也將一些文化財指定為「日本遺產」，其中包含了城池、遺跡、雕刻等「有形」的文化財，以及自古傳承下來的祭典、舞蹈等「無形」的文化財。保護這些文化財是重要使命。

出處：聯合國教科文組織（UNESCO）、日本文化廳

日本有這些世界遺產！

❶法隆寺一帶的佛教建築物（奈良縣）
❷姬路城（兵庫縣）
❸屋久島（鹿兒島縣）
❹白神山地（青森縣、秋田縣）
❺古都京都的文化財（京都府、滋賀縣）
❻白川鄉・五箇山的合掌建築聚落（岐阜縣、富山縣）
❼原爆圓頂館（廣島縣）
❽嚴島神社（廣島縣）
❾古都奈良的文化財（奈良縣）
❿光的社寺（栃木縣）
⓫琉球王國的御城及相關遺跡群（沖繩縣）
⓬紀伊山地的靈場與參詣道（三重縣、奈良縣、和歌山縣）
⓭知床（北海道）
⓮石見銀山遺跡與其文化景觀（島根縣）
⓯小笠原諸島（東京都）
⓰平泉—象徵佛國土（淨土）的建築、庭園及考古學遺跡群（岩手縣）
⓱富士山—信仰的對象與藝術的泉源（靜岡縣、山梨縣）
⓲富岡製絲廠與絲綢產業遺跡群（群馬縣）
⓳明治日本產業革命遺產：製鐵、製鋼、造船、煤炭產業（岩手縣、靜岡縣、山口縣、福岡縣、熊本縣、佐賀縣、長崎縣、鹿兒島縣）

藍圈是文化遺產，紅圈是自然遺產（2021年3月的資料）

13
4
16
6
10
18
20
17
14
5
2
23
1
9
12
7
8
21
22
19
3
11
15
知床
蝦夷鹿的母子！好可愛！這裡是稀有動物的棲息地。鄂霍次克海的流冰也很有名唷。
全日本最高的山！富士山是日本人的信仰對象，也被登錄為文化遺產。
富士山

這棟建築物記錄下了戰爭的沉痛記憶。1945年，人類史上首次使用核子武器的受害建築。
原爆圓頂館

⓴勒・柯比意（Le Corbusier）的建築作品—對現代建築運動的顯著貢獻（國立西洋美術館本館・東京都）
㉑「神宿島」宗像・沖之島與相關遺跡群（福岡縣）
㉒長崎與天草地區的潛伏基督教徒相關遺產（長崎縣、熊本縣）
㉓百舌鳥・古市古墳群—日本古代的墳墓群（大阪府）

答案 ❸ 23處

直到2021年3月為止，共有23處。範圍涵蓋北端的北海道到南端的沖繩。

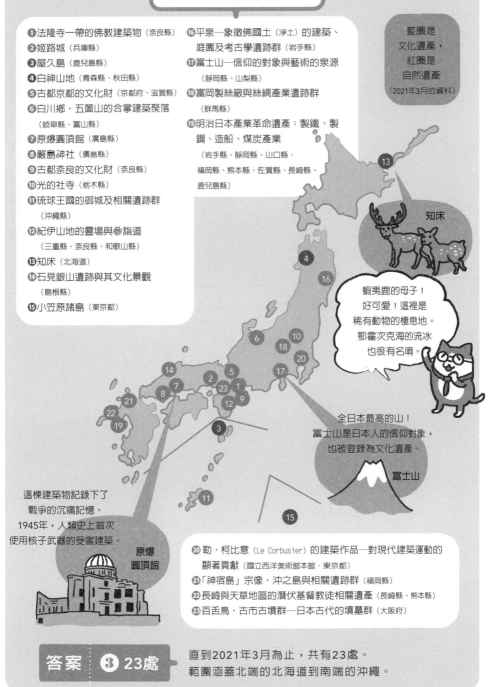

Q31

日本每年丟棄的食物量相當於幾座游泳池？

❶ 約2百座　❷ 約2千座　❸ 約2萬座

有多少的食物遭到丟棄？
我們都沒東西吃呢……
我吃不下了，丟掉好了！
全世界每9個人就有1個人處於營養不良的狀態。
丟
每年13億噸
還可以吃卻被丟棄的糧食量，全世界每年約13億噸。
相當於糧食生產量的3分之1。
大約有一半是家庭丟棄的垃圾。
丟
年間612萬噸
其中由日本人丟棄的糧食量，約612萬噸。
雖然還可以吃……
多謝款待
差不多等於每個國民每天丟掉一碗飯。
平均每個國民每年丟棄48公斤的糧食，相當於每天丟棄132公克的糧食。

出處：日本農林水產省、環境省、聯合國糧食及農業組織（FAO）、世界糧食計劃署（WFP）

食物明明還可以吃，卻遭到丟棄

根據統計，全世界每9個人就有1個人處於營養不良的狀態，但是另一方面，每年有大約13億噸的食物遭到丟棄，相當於一整年所生產糧食的3分之1。將還可以吃的食物丟棄，是一種「浪費食物」的行為。

日本人每年浪費的食物量約612萬噸，相當於2萬座25公尺長的游泳池。（註：臺灣人一年浪費的食物達384萬噸，相當於1萬3500座101大樓）

相關的SDGs目標

12 負責任的消費與生產

SDGs的推動方向

食物銀行與食物籌集

世界上有很多以減少食物浪費為目的的活動。例如「食物銀行」（food bank），是向企業索討接近保存期限的食物（例如超市的退貨品或廢棄品），免費提供給各設施、團體或是需要幫助的人。另外還有像是「食物籌集」（food drive），是到每個家庭蒐集多餘的食物，捐給當地各種團體的活動。

哪些食物被丟棄？

- 第1名 主食（白飯、麵包、麵類）
- 第2名 野菜
- 第3名 菜餚

丟棄的理由

- 第1名 吃不完
- 第2名 放到壞掉了
- 第3名 過了保存期限

答案 ③ 約2萬座

612萬噸除以一般的25公尺游泳池容積（300立方公尺）※約等於2萬座。

※長度25公尺×寬度12公尺×深度1公尺的游泳池。

Q32

食物能夠安全食用的期限稱作什麼？

❶ 消費期限　❷ 賞味期限　❸ 販賣期限

為了減少「食物浪費」

日本的超市或便利商店販賣的商品，上頭標示的期限可能是「消費期限」，也可能是「賞味期限」。

這兩個詞看起來很像，你知道它的差異在哪裡嗎？

「消費期限」是「能夠安全食用的期限」，過了期限的話，原則上就不能再吃。

至於「賞味期限」，則是「美味的期限」。就算過了期限，食品也不會馬上不能吃。

因此「食品過了賞味期限就要丟棄」的想法，會造成食物浪費。要減少食物的浪費，就必須正確瞭解「消費期限」及「賞味期限」的差異。

大多數的人在買東西的時候，都會盡量挑選消費期限或賞味期限較長、製造日期較晚的商品。但是這麼一來，較舊的商品很可能會因為賣不出去，造成食物浪費。

因此如果確定能夠立刻吃完的話，為了減少食物浪費，其實可以選擇期限較近的商品。

在臺灣，食品標示保存期限、有效期限，前者是指產品可以保持品質的期間，後者是指食品最終期限。也就是說，保存期限內遵照條件保存，便不變質。日本所定的賞味期限，即算在保存期限之內。而有效期限則與消費期限的意思一樣。

相關的SDGs目標

12 負責任的消費與生產

出處：聯合國宣傳中心《SDGs報告2019》

消費期限與賞味期限有何不同？

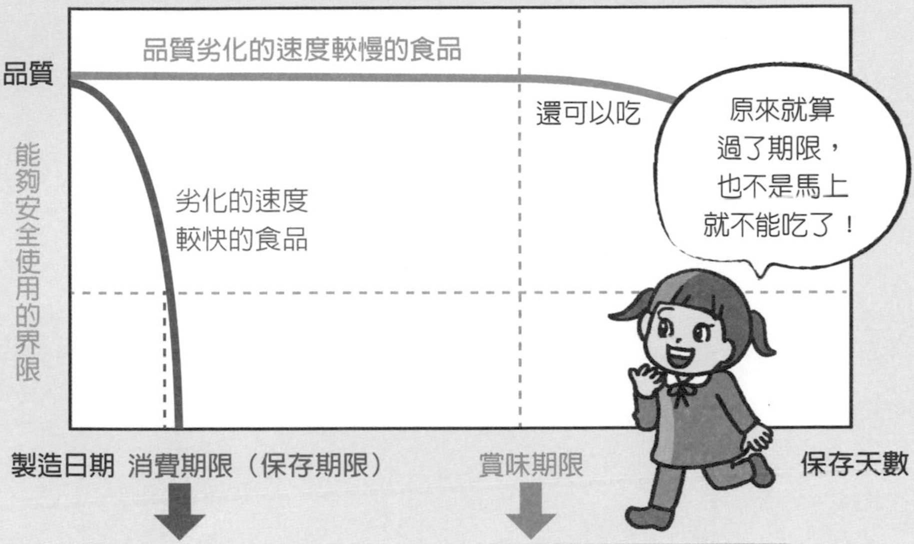
品質
能夠安全使用的界限
品質劣化的速度較慢的食品
還可以吃
劣化的速度
較快的食品
原來就算
過了期限，
也不是馬上
就不能吃了！
製造日期
消費期限（保存期限）
賞味期限
保存天數

消費期限（保存期限）	賞味期限
過了期限最好不要吃。	過了期限只是會變得比較不好吃。
標示「年、月、日」	期限在3個月以上，只會標示「年、月」。期限在3個月以內，會標示「年、月、日」。
便當 三明治 生麵 等	零食 真空調理食品 泡麵 罐頭 等

答案 ❶ 消費期限

這兩個詞看起來很像，但是意思完全不一樣。確認看看家裡的食品，上頭寫的是哪一個詞吧。

Q33

體貼他人及環境的購物方式，稱作什麼消費？

❶ 環保消費　❷ 良知消費　❸ 自私消費

什麼是體貼他人、社區及環境的消費？
我要買這個。
體貼他人的消費
例如……
購買身障人士所製作的商品，讓身障人士得以自力更生。
顧及社會問題的消費
這是公平交易產品嗎？
例如……
為了避免窮人遭到壓榨，以及減少童工問題，挑選標榜公平交易的產品。
體貼環境的消費
發現環保標章！
例如……
為了防止全球暖化及保護環境，挑選再生產品。

不能只是注意價格及品質！

我們平常所購買的商品，一定有其製造者及製造地點。不知你是否想過？你拿在手上的商品，可能是開發中國家的童工，在惡劣的工作環境下製造出來的。或者是在製造的過程中，犧牲了自然環境。

因此在挑選商品的時候，還要思考一下「這個商品是怎麼製造出來的」，以及「買了這個商品對世界會有什麼影響」，不能只是注意價格及品質。像這樣顧慮他人、社會、環境及社區的購買行為，就稱作「良知消費」（Ethical consumerism）。

只要我們在購物時都能抱著「良知消費」的心態，挑選顧慮他人、社會、環境及社區的商品，類似商品的生產者就會增加，社會就會變得更加富足且能夠永續發展。

讓社區恢復活力的消費行為

例如……
支持當地農家自產自銷，或是購買災區的產品，協助災區重建。

相關的SDGs目標

12 負責任的消費與生產

我想要知道更多！

公平交易（Fair trade）

不以過度低廉的不正當價格向開發中國家購買原料或產品，而是確實顧及製造者的生計問題，以公平的價格持續購買的交易行為，就稱作「公平交易」。盡量購買標榜「公平交易」的商品，有助於防止開發中國家的童工現象，及避免環境遭到破壞。

答案 ❷ 良知消費

不是依照價格或品質，而是抱持著「體貼之心」購買商品，就稱作「良知消費」。

Q34

減少垃圾量的關鍵字是什麼？

❶ 2DK　　❷ 3C　　❸ 4R

珍惜資源的行動

如果一個社會一直維持著大量生產、大量消費、大量捨棄及大量製造垃圾，這樣的社會有可能長久維持下去嗎？

珍惜資源有4個關鍵字，合稱為「環保4R」。

這4個「R」分別是「Reduce（減少使用）」、「Reuse（物盡其用）」、「Recycle（循環再造）」及「Refuse（拒絕浪費）」的第一個英文字。這些都是每個人都可以馬上開始的珍惜資源行動。

相關的SDGs目標

12 負責任的消費與生產

SDGs的推動方向

資源回收之町

日本鹿兒島縣大崎町以追求達成SDGs的目標而聞名。町裡的居民將垃圾分成27種，其中25種都可以回收，而且回收率超過八成（日本全國平均約兩成），連續12年獲得全日本回收率最高的殊榮。販賣回收物獲得的利潤，都回饋在町裡的居民身上。

減少垃圾量的關鍵字「環保4R」

4R
（4個R）

Refuse
拒絕產生垃圾！

只買必要的東西，
拒絕過度的包裝，
讓垃圾打從一開始就不產生。

我有購物袋！

Reduce
減少垃圾量！

盡量購買秤重販賣的商品，
或是容器可以重複充填使用的商品，
不買已經包裝好的商品。

買補充包
划算多了呢！
是啊！

Reuse
物盡其用！

東西壞掉了可以修理，
用不到了可以送給別人，
盡量不要讓它變成垃圾。

要好好
愛惜唷！

Recycle
珍惜再生資源！

寶特瓶、鋁罐、瓦楞紙、報紙、
雜誌等再生資源要好好分類，
不要當成垃圾丟掉，
要確實回收再生利用。

呼!
總算整理好了。

答案 ❸ 4R 原本是3R，後來加了「Refuse」，變成了4R。

擲一顆骰子，依照點數前進，
回答格子裡的問題，
以抵達終點為目標！
在括弧（）裡標示的那一頁
可以找到問題的提示。

START
擲骰子！

說出1樣
你所住的
地區的特產。

瑞典的知名
環境運動家叫做
「○○○・童貝里」？
（第30頁）

休息
1回

終點
恭喜！
現在你已經是
SDGs博士了！

SDGs的目標
有幾項？
（第14頁）

SDGs是何時之前
應該要完成
的目標？
（第14頁）

找看家裡面
有沒有外國製
的產品。

汙染海洋的
超小塑膠
稱作什麼？
（第124頁）

什麼樣的職業
能夠讓人
露出笑容？

前進
1格

說出1種
可再生能源。
（第74頁）

「Sustainable」
是什麼意思？
（第22頁）

機會！
再擲一次
骰子。

世界上有多少
國家（地區）？
（第82頁）

回答所有問題，成為SDGs博士吧！

SDGs大富翁

經濟狀況只能夠勉強過日子的貧窮，稱作什麼貧窮？（第36頁）

機會！ 再擲一次骰子。

舉出一個減少食物浪費的方法。（第98頁）

食物過了那個期限會變得比較不美味，那稱作什麼期限？（第98頁）

退後1格

舉出一項在家裡就能做的SDGs行動。（第130頁）

如果發現有朋友正在遭受霸凌，你應該怎麼做？（第136頁）

來自外國的野生化生物稱作什麼？（第118頁）

臺灣的死亡原因中比例最高的是？（第50頁）

慘了！ 退回起點！

前進2格

日本的什麼手冊推廣至全世界？（第46頁）

日本人的平均壽命是幾歲？（第48頁）

退後2格

說出三大傳染病中的一種。（第45頁）

想要省水，有什麼方法？（第70頁）

會造成全球暖化的氣體是氮氣還是二氧化碳？（第106頁）

休息1回

Q35

造成全球暖化的原因是什麼？

❶ 氧氣　❷ 氮氣　❸ 二氧化碳

全球暖化是人類造成的？

現在的地球跟200年前相比，平均氣溫上升了1℃左右。

變得溫暖的原因，就在於包覆地球的「溫室效應氣體」增加了。最具代表性的溫室效應氣體，就是二氧化碳。除此之外，還有甲烷及碳氟化合物等。

地球的表面會因為太陽的熱能而升溫，多餘的熱能則會排放到宇宙之中，但是一部分的熱能會被溫室效應氣體吸收，讓地球維持在適合生物生存的溫度。

然而溫室效應氣體如果太多，原本應該排放到宇宙裡的熱能無法排出，地球的氣溫就會不斷上升，這就是「全球暖化」現象。

全球暖化現象主要是由人類所造成。人類大量使用煤炭、石油作為燃料，或是大量使用電力及瓦斯產生的能量，這些行為都會排放二氧化碳，導致全球暖化一天比一天嚴重。

地球上的所有人，都有責任阻止全球暖化繼續惡化下去。不僅是政府或企業，我們每一個人都應該要採取行動。

相關的SDGs目標

7 可負擔的潔淨能源

13 氣候行動

出處：日本國立環境研究所

地球越來越熱了

200年前的地球
當時的二氧化碳比現在少，氣溫沒有太大的變化。
二氧化碳（CO2）之類的溫室效應氣體恰到好處的吸收太陽的熱能，讓地球處在非常適合居住的環境。
溫室效應氣體形成的膜
太陽光
CO2
CO2
平均氣溫14℃

現在的地球
溫室效應氣體形成的膜
人類大量使用電及汽車，導致二氧化碳增加！
溫室效應氣體增加，排放至宇宙的熱能減少，地球的溫度上升了。
CO2
CO2
CO2
CO2
CO2
平均氣溫14.85°C

答案　❸ 二氧化碳

人類的活動導致二氧化碳增加，熱能無法排放到宇宙中。

Q36

再不改變，到這個世紀末的時候，氣溫會上升幾℃？

❶ 約 1 ℃　❷ 約 3 ℃　❸ 約 5 ℃

對生態系統造成影響
好熱，
我受不了了……
這裡已經
沒辦法住了！
森林減少
棲息地改變
導致氣象異常
天災
越來越多了。
沒有水
可以喝……
大雨、颱風
增加
旱、熱浪
增加

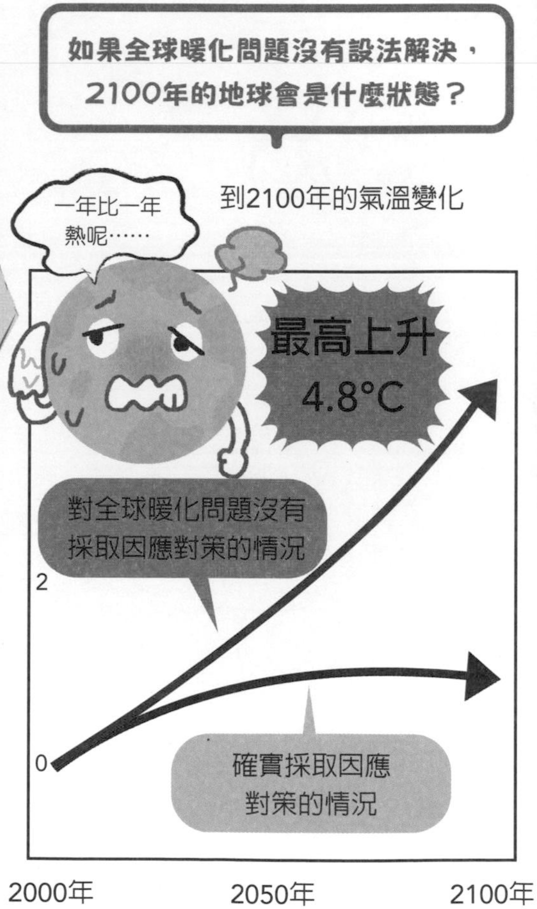

如果全球暖化問題沒有設法解決，
2100年的地球會是什麼狀態？
一年比一年
熱呢……
到2100年的氣溫變化
最高上升
4.8°C
對全球暖化問題沒有
採取因應對策的情況
2
0
確實採取因應
對策的情況
2000年
2050年
2100年

出處：政府間氣候變化專門委員會（IPCC）《第5次評價報告書》等

經濟活動增加，全球暖化就會更加嚴重

全球暖化的原因，在於人類的各種活動所排出的溫室效應氣體（二氧化碳等）。如果經濟持續發展，二氧化碳的量也會不斷增加。

持續這樣下去，全球暖化會越來越嚴重。根據推測，到了2100年，全球的氣溫最多會上升5℃。暖化現象會對地球造成許多不良影響，例如北極及南極的冰塊會融化，造成海平面上升，生物會失去棲息地。

相關的SDGs目標

13 氣候行動

我想要知道更多！

如何預防全球暖化

要預防全球暖化，全世界所有的國家必須同心協力，不能單靠一個國家。在2015年的時候，各國經過協議，締結了《巴黎協定》，希望讓地球自工業革命之後的平均氣溫上升不要超過2℃，最好能夠在1.5℃之內。

要實現《巴黎協定》的目標，全世界的溫室效應氣體排出量在2050年之前必須降至零（可扣除森林可以吸收的部分）。日本在2020年已向國際社會宣布，將在2050年之前讓溫室效應氣體排放量降至零。

對北極、南極及海洋的影響
冰河有40%都融化了！
最多會上升1.1公尺。
冰河減少
海平面上升
對健康的危害
你中暑了。
瘧疾可能會再次蔓延？
危及人類的健康
感染疾病的風險大增

答案 ③ 約5℃

海平面會上升超過1公尺，一些比較小的島國可能會沉沒。

Q37

日本人每人每年排出多少二氧化碳？

❶ 760公克　❷ 760公斤　❸ 7.6噸

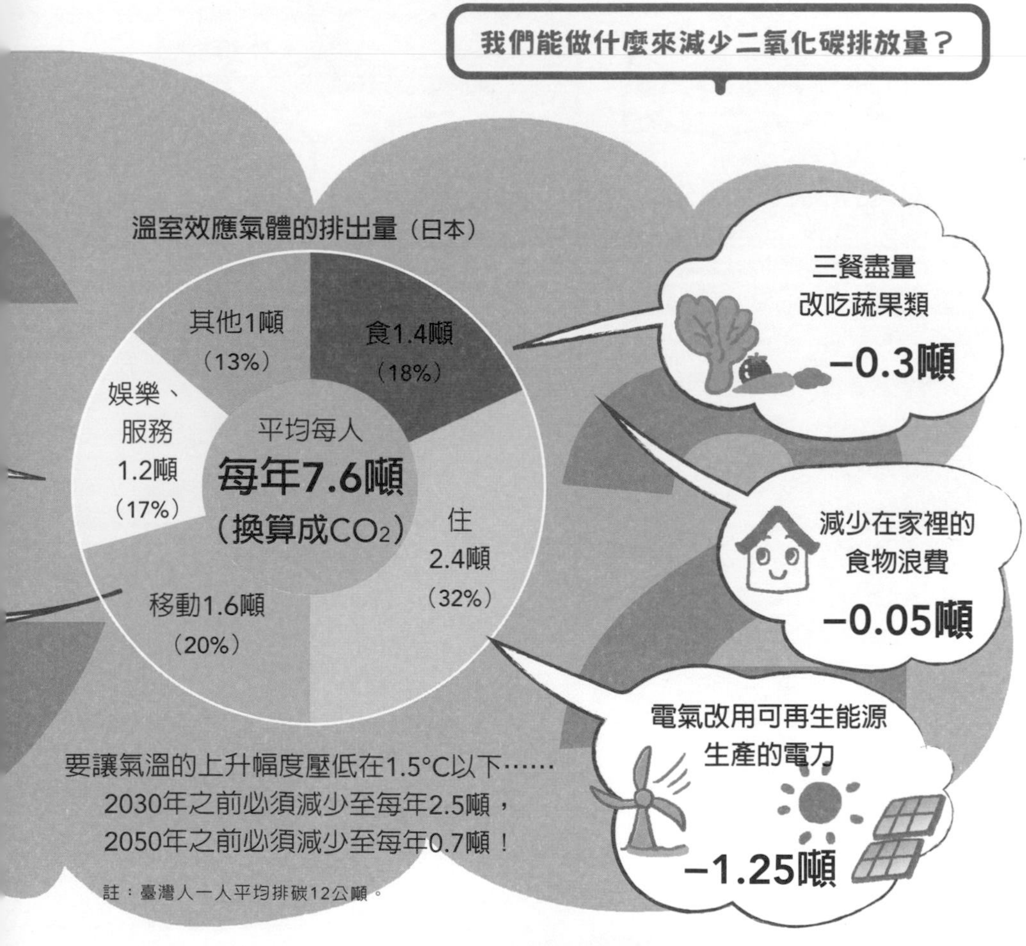
我們能做什麼來減少二氧化碳排放量？
溫室效應氣體的排出量（日本）
食1.4噸（18%）
住2.4噸（32%）
移動1.6噸（20%）
娛樂、服務1.2噸（17%）
其他1噸（13%）
平均每人
每年7.6噸
（換算成CO_2）
三餐盡量改吃蔬果類
−0.3噸
減少在家裡的食物浪費
−0.05噸
電氣改用可再生能源生產的電力
−1.25噸

要讓氣溫的上升幅度壓低在1.5°C以下……
2030年之前必須減少至每年2.5噸，
2050年之前必須減少至每年0.7噸！

註：臺灣人一人平均排碳12公噸。

出處：地球環境戰略研究機關（IGES）《1.5℃生活模式》

在生活中盡可能為地球著想！

要阻止全球暖化，我們每個人都必須重新檢視自己的生活。

關鍵就在於「碳足跡」（Carbon Footprint）。這指的是一樣產品從材料取得、製造、運送、使用到廢棄（丟棄）的過程中，二氧化碳之類溫室效應氣體的排出量綜合指標。如果是進口的產品，也包含了在原產國的生產及運送的排出量。

以日本人來說，生活中的碳排量換算成二氧化碳，每人每年約7．6噸。若再換算成汽油的使用量，約相當於3千2百70公升，也就是每天約9公升。

如果全世界每個人都過著跟日本人一樣的生活，要達到《巴黎協定》（第109頁）所訂下「低於1．5℃」的目標，也就是在2030年之前必須降至3分之1，那麼在2050年之前必須降至11分之1。

不管要去什麼地方，都盡量搭乘公車、電車等大眾運輸工具，並且減少食物的浪費，生活中的每個舉動都盡可能為地球著想。

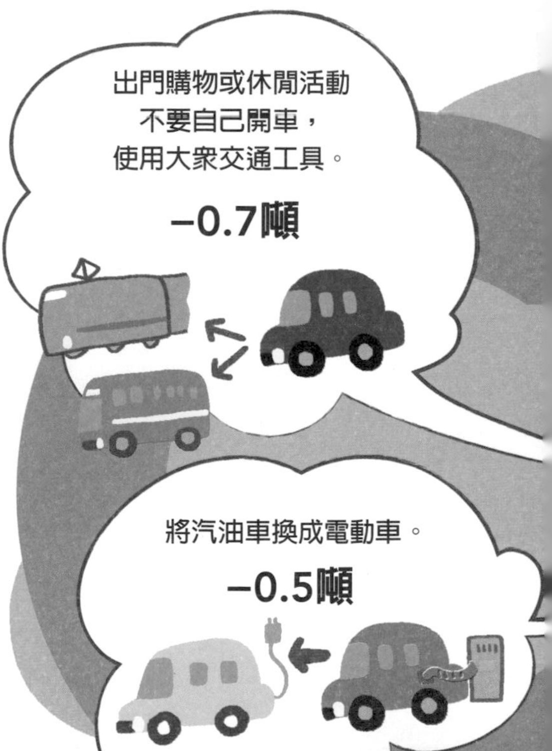
出門購物或休閒活動
不要自己開車，
使用大眾交通工具。
−0.7噸
將汽油車換成電動車。
−0.5噸

答案 ③ 7.6噸

換算成汽油的使用量，
相當於每天燃燒9公升的汽油。

相關的SDGs目標

7 可負擔的潔淨能源
13 氣候行動

Q38

什麼樣的交通工具最不會排放二氧化碳？

❶ 新幹線　❷ 汽車　❸ 飛機

移動時間與二氧化碳排出量

同樣是移動1公里的距離，
二氧化碳的排出量會隨著移動方式而有所不同。
排出量較多的是汽車（汽油車）。所以出門在外
移動時，應該盡可能選擇大眾運輸工具。

不僅比較花時間，而且能源效率很差！
汽車
需要時間：約7小時
133公克
東京
神奈川
名古屋
靜岡
速度雖然快，但可能不太環保！
96公克
太平洋
飛機
需要時間：約1小時
1人移動1公里
所排放的二氧化碳的量

出處：日本國土交通省《運輸部門的二氧化碳排出量》

提升能源效率，就能達到環保的效果！

平常我們搭乘汽車、飛機、新幹線等交通工具，都會燃燒燃料，排放出二氧化碳。

每人每移動1公里所排放出的二氧化碳量，汽車（汽油車）為133公克，飛機為96公克，日本新幹線為18公克，臺灣高鐵為32克。由此可看出鐵路列車是最「環保」的交通工具。要防止全球暖化（第106頁），移動的時候就要盡可能挑選排出的二氧化碳量較少的交通工具。

相關的SDGs目標

7 可負擔的潔淨能源
13 氣候行動

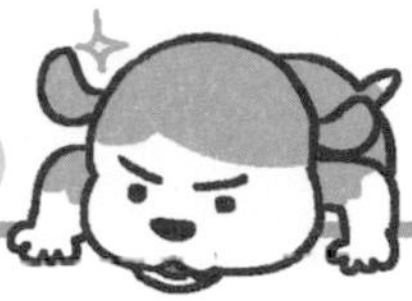
我想要知道更多！

汽車也開始「環保化」

為了阻止全球暖化，在先進國家的率領下，全世界都開始大力推動汽車的「環保化」。過去絕大部分的汽車都是會排放二氧化碳的「汽油車」，但如今不會排放二氧化碳的汽車越來越普及，其中最具代表性的就是電動車。另外，使用氫電池的燃料電池車也是相當受到矚目的新世代電動車。

鐵路列車是相當環保的交通工具。
二氧化碳的排出量是汽車的約7分之1，飛機的約5分之1。

新幹線排出的
二氧化碳很少，
是能源效率非常高的
交通工具！
新幹線
需要時間：約2小時半
18
公克
大阪

答案 ❶ 新幹線

二氧化碳的排出量，會因交通工具而有所不同。如果要去的地方很遠，建議還是搭乘新幹線比較環保！

Q39

地球上有多少種瀕臨絕種的生物？

❶ 1萬種　　❷ 10萬種　　❸ 100萬種

人類的迫害下，許多地球生物瀕臨絕種！
00萬種生物絕種！
（約一半是昆蟲）
土地利用
造成的變化
氣候的
變化
如果這樣下去，
再過數十年……
日子越來越
難過了……
永別了……
外來種的威脅
狩獵、濫捕
公害、汙染物質
12.5%的
動植物絕種！

出處：生物多樣性和生態系統服務政府間科學政策平臺（IPBES）、日本環境省

地球將面臨第6次的大滅絕時代？

地球上有100萬種動植物瀕臨絕種危機。2019年，一個由全世界的科學家共同參與的組織提出了如此驚人的報告。如果不趕快想出因應對策，在今後的數十年之內，這些生物就會滅絕。

根據專家的研究，過去地球曾經面臨過5次生物大量滅絕的時代，因此有人擔心第6次的大滅絕時代已將到來。如今生物的絕種速度，比起過去1千萬年的平均速度，快了10倍至100倍。

造成生物大量滅絕的罪魁禍首，就是我們人類。砍伐森林、各種公害、全球暖化等等，人類的各種活動所造成的變化奪走了生物的棲息之所，使生物面臨滅絕的危機。（註：臺灣瀕臨絕種的物種有22個。）

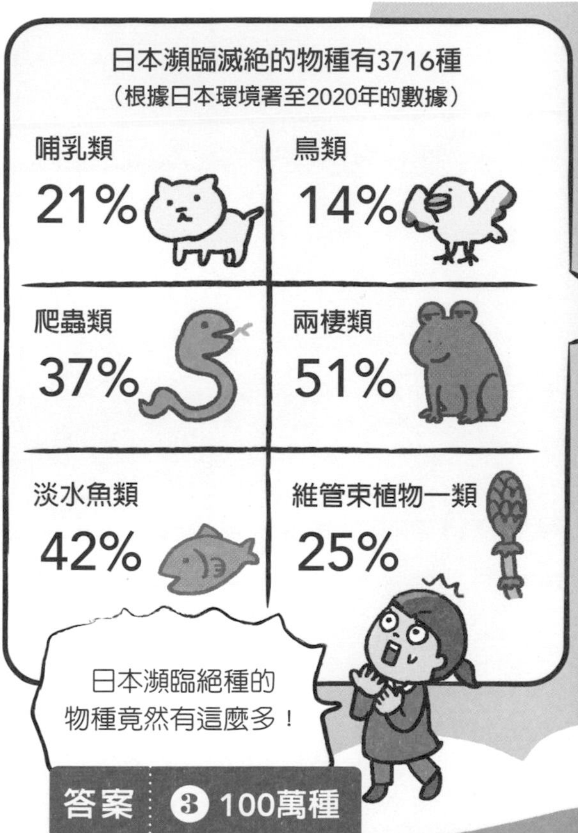
日本瀕臨滅絕的物種有3716種
（根據日本環境署至2020年的數據）
哺乳類 21%
鳥類 14%
爬蟲類 37%
兩棲類 51%
淡水魚類 42%
維管束植物一類 25%
日本瀕臨絕種的物種竟然有這麼多！

答案 ③ 100萬種

有絕種危險的100萬種生物當中，約有一半是昆蟲。

相關的SDGs目標

14 水下生命

15 陸域生命

我想要知道更多！

在日本不能吃鰻魚了！？

日本40%的哺乳動物、60%的爬行動物、80%的兩棲動物是日本特有種。其中，包括日本鰻魚和鱂魚在內的，700多種物種被指定為瀕危物種。

Q40

「吃或被吃」的生物關係稱作什麼？

❶ 食物纖維　❷ 弱肉強食　❸ 食物鏈

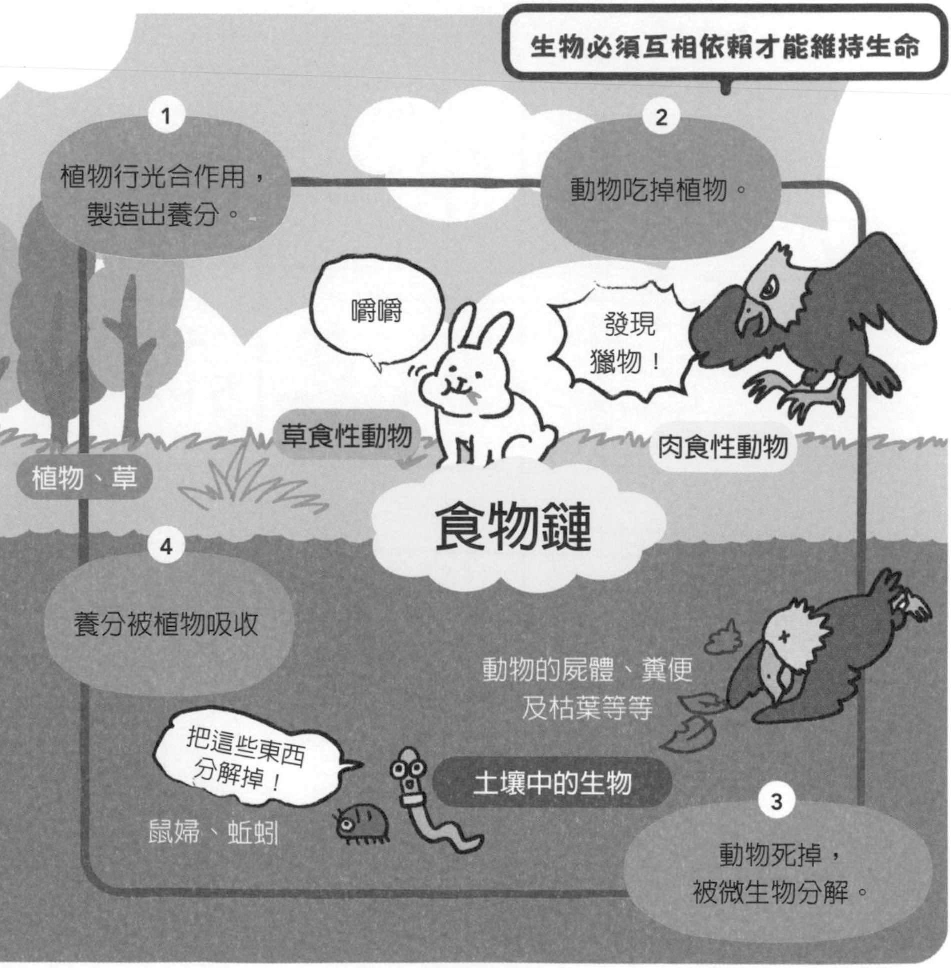

生物必須互相依賴才能維持生命
1
植物行光合作用，
製造出養分。
2
動物吃掉植物。
嚼嚼
發現
獵物！
草食性動物
肉食性動物
植物、草
食物鏈
4
養分被植物吸收
動物的屍體、糞便
及枯葉等等
把這些東西
分解掉！
土壤中的生物
鼠婦、蚯蚓
3
動物死掉，
被微生物分解。

自然界的微妙平衡

地球上除了人類之外，還有著各式各樣的生物，這些生物會互相影響，形成「生態系統」。

生態系統中的生物，互相之間有著「吃或被吃」的關係，這就稱作「食物鏈」。

舉例來說，草食性動物會吃草葉或樹果，而這些草食性動物會被肉食性動物吃掉。這些動物的屍體及糞便、枯葉等等會被土壤裡的生物分解，成為土壤的養分。植物正是靠著這些土壤裡的養分才得以成長。

近年來有越來越多的生物「瀕臨絕種」。當有生物絕種時，你知道會發生什麼現象嗎？

自然界的每一種生物之間都維持著微妙的平衡，就算只是少了一種生物，可能也會讓以這種生物為食物的生物活不下去，導致生態系統大亂。

對於這種生物滅絕的現象，我們絕對不能置身事外。因為人類也是生態系統的一部分，同樣仰賴來自於自然界的各種「恩惠」才能存活。

相關的SDGs目標

14 水下生命
15 陸域生命

如果其中一種生物滅絕了……

沒有生物幫我搬運花粉！
沒有動物可以吃！
就連人類也沒有辦法維持生活。
生態系統的平衡會瓦解。
沒有蓋房子的材料！
食物不夠啦！

答案　❸ 食物鏈

不管是動物還是植物，都是互相仰賴。
人類也是「生態系統」的一部分。

Q41

入侵日本的外來種是什麼？

❶ 日本獼猴　❷ 浣熊　❸ 巨型飛鼠

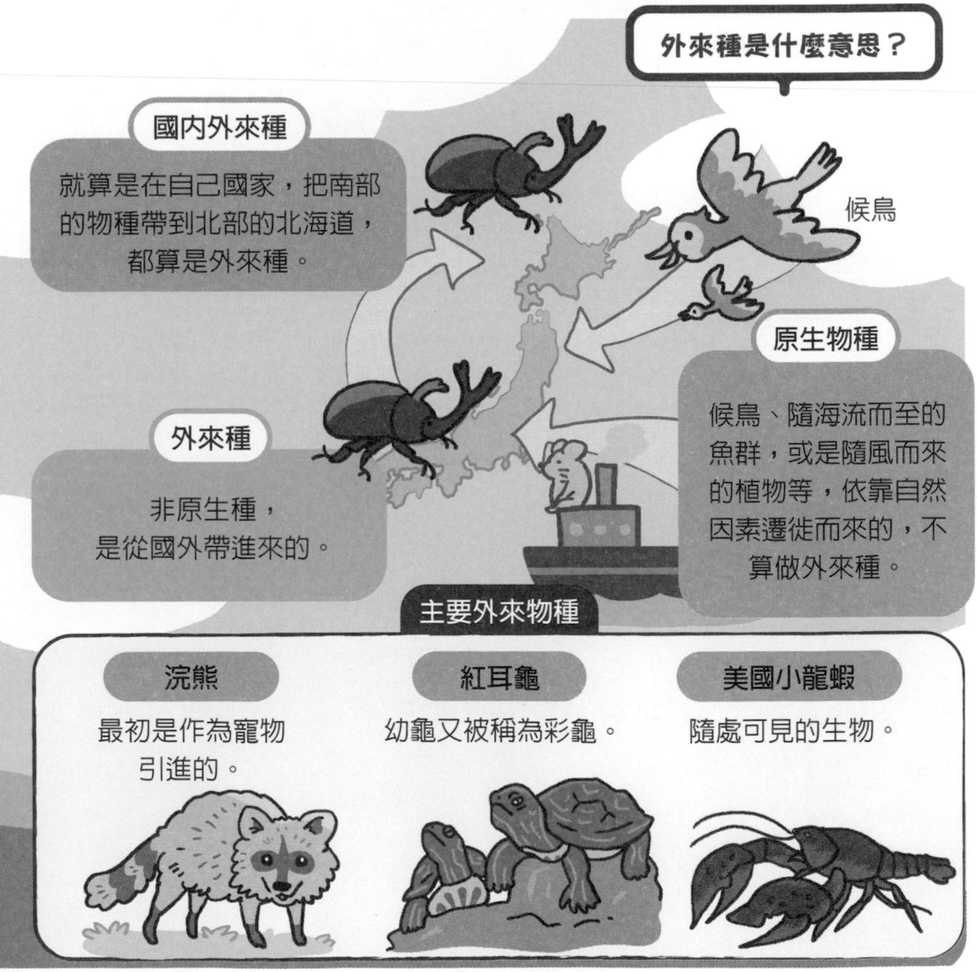

外來種是什麼意思？
國內外來種
就算是在自己國家，把南部的物種帶到北部的北海道，都算是外來種。
候鳥
原生物種
候鳥、隨海流而至的魚群，或是隨風而來的植物等，依靠自然因素遷徙而來的，不算做外來種。
外來種
非原生種，是從國外帶進來的。
主要外來物種
浣熊
最初是作為寵物引進的。
紅耳龜
幼龜又被稱為彩龜。
美國小龍蝦
隨處可見的生物。

出處：日本環境省。

外來種會破壞自然界的平衡

如今日本各地都能看見浣熊的蹤影，這種動物會做出彷彿在清洗食物的動作，模樣相當可愛。但是你知道嗎？浣熊並不是原本就生活在日本的動物，而是被人當成了寵物，從北美洲帶進日本的「外來種」。（註：福壽螺、紅火蟻、非洲大鍋牛、小花蔓澤蘭等都是臺灣非常惱人的外來種，嚴重影響生態。）

所謂的「外來種」，指的是原本不存在於那個地區，卻因為人類的活動而被帶進來的生物。所有的生物都是經過漫長的時間，與其棲息地的大自然環境及周圍的生物維持著一定的關係。此時棲息地如果出現了外來種，原本棲息在該處的生物可能會被吃掉，或是被趕走，導致陷入絕種的危機。

為了避免這些外來種繼續對棲息地造成不良影響，我們一定要儘快想出因應對策才行。

外來種造成的不良影響
和血緣較近的生物進行繁殖，生出雜交種。
既有種
外來種
雜交種
吃掉原本棲息於該地的生物。
使原本生長在該地的植物沒有辦法存活。
有些外來種可能會攻擊人類，甚至是帶有毒性。
狠咬

答案 ❷ 浣熊

雖然外來種造成很大的問題，但並非所有的外來種都是不好的！

相關的SDGs目標

15 陸域生命

SDGs的推動方向

解決外來種的問題

要避免外來種的危害繼續擴大，必須遵守以下三點原則。①不帶入（不把有可能會造成不良影響的外來種帶入當地），②不拋棄（不棄養原本在飼養的外來種），③不使擴散（不讓外來種擴散至其他地區）。

Q42

全世界的森林每分鐘會減少多大的範圍？

❶ 約5張明信片　❷ 約3座相撲場地　❸ 約2座東京巨蛋

寶貴的森林不斷縮小

地球的陸地約有三成是森林，這些森林不僅能成為動物們的棲息地，而且還會進行「光合作用」，吸收二氧化碳，排放出氧氣，防止全球暖化，製造出乾淨的空氣及水，好處可說是非常多。

這麼寶貴的森林，範圍卻是越來越小。從1990年到現在的30年之間，全世界消失的森林約178萬平方公里，相當於日本國土面積的大約4．7倍（等於50個臺灣）。在1990年代，每年都有7萬8千平方公里的森林消失，到了2010年代，減緩為每年4萬7千平方公里。雖然消失的速度變慢了，但計算下來每分鐘消失的森林範圍還是相當於2座東京巨蛋。

破壞森林的罪魁禍首，就是我們人類。世界各國都應該要盡全力讓寶貴的森林重新長回來。

相關的SDGs目標

SDGs的推動方向

廢棄球棒的資源回收

日本的職棒運動使用的是木製的球棒。當球棒在比賽過程中龜裂或折斷，就會被回收做成筷子。這些筷子會以「強棒筷」的名稱對外販售，銷售金額的一部分會被運用在球棒材質樹種的植樹活動上。

出處：聯合國糧食及農業組織（FAO）、聯合國環境規劃署（UNEP）、日本環境省

世界的森林正在不斷減少！

森林的主要功用
森林能吸收二氧化碳！
防止全球暖化。
避免發生土石流和洪水！
減少天災造成的危害。
空氣好新鮮！
這座森林住起來很舒適！
製造出新鮮的空氣。
帶給人類心靈平靜。
水好清澈！
森林總是讓我感覺受到療癒。
我們在這裡蓋房子吧！
成為動物的棲息之地。
孕育出豐沛的水資源。
提供木材給人類使用。

但是這樣的森林卻……

30年之間（1990～2020年），
全世界消失的森林
約178萬平方公里。

相當於……

日本國土
5倍大的面積

日本×5

每年（2010年至2020年的平均值）
全世界消失的森林
約4萬7千平方公里。

相當於……

1分鐘有兩座
東京巨蛋的面積在消失

東京巨蛋×2

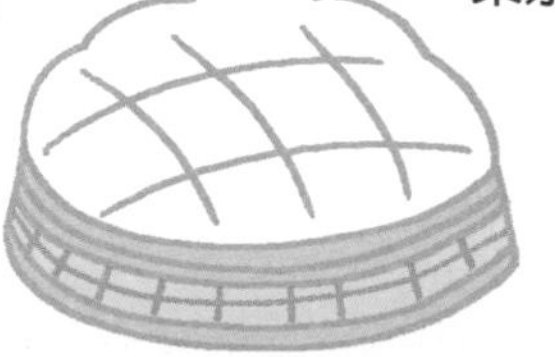

答案　❸ 約2座東京巨蛋

南美洲及非洲的熱帶森林
正在快速消失。

Q43

海裡的魚有幾成被人類「過度捕撈」？

❶ 一成　❷ 三成　❸ 五成

海中的魚貝類正面臨絕種的危機？

臺灣很多人喜歡吃各式各樣的海產。但是在不久後的將來，我們可能再也沒有魚可以吃了。

魚類貝類等等海產只要不過度捕撈，人類就能夠一直蒙受其恩惠，永遠不虞匱乏。因為這些海中生物就跟陸地上的動物一樣，會不斷生下孩子（產卵）。只要在捕撈的時候考量繁殖的速度，海中的魚貝類就永遠不會減少。但如果捕撈的速度過快，超越了繁殖的速度，會發生什麼樣的結果呢？

答案就是魚類、貝類等資源會耗盡，喪失再生能力。

臨近臺灣的日本人自古以來就是個很常吃魚肉的民族，各國最近幾年也有越來越多的人基於健康理由而開始吃魚肉。結果造成各國的漁獲量上升，違法捕魚的情況也越來越嚴重。

根據推估，在2017年時，全世界所捕撈的魚貝類約有3分之1有著過度捕撈的問題，剩下的絕大部分也已經到了能夠捕撈的極限。可以說海洋的資源正陷入了危機之中。

想要保護我們的豐饒大海，就必須要建立起一套能夠持續捕撈而不會枯竭的制度。

相關的SDGs目標

14 水下生命

出處：聯合國糧食及農業組織（FAO）《世界漁業・養殖業白書》（2020年）

這樣下去以後會沒有魚可以捕？

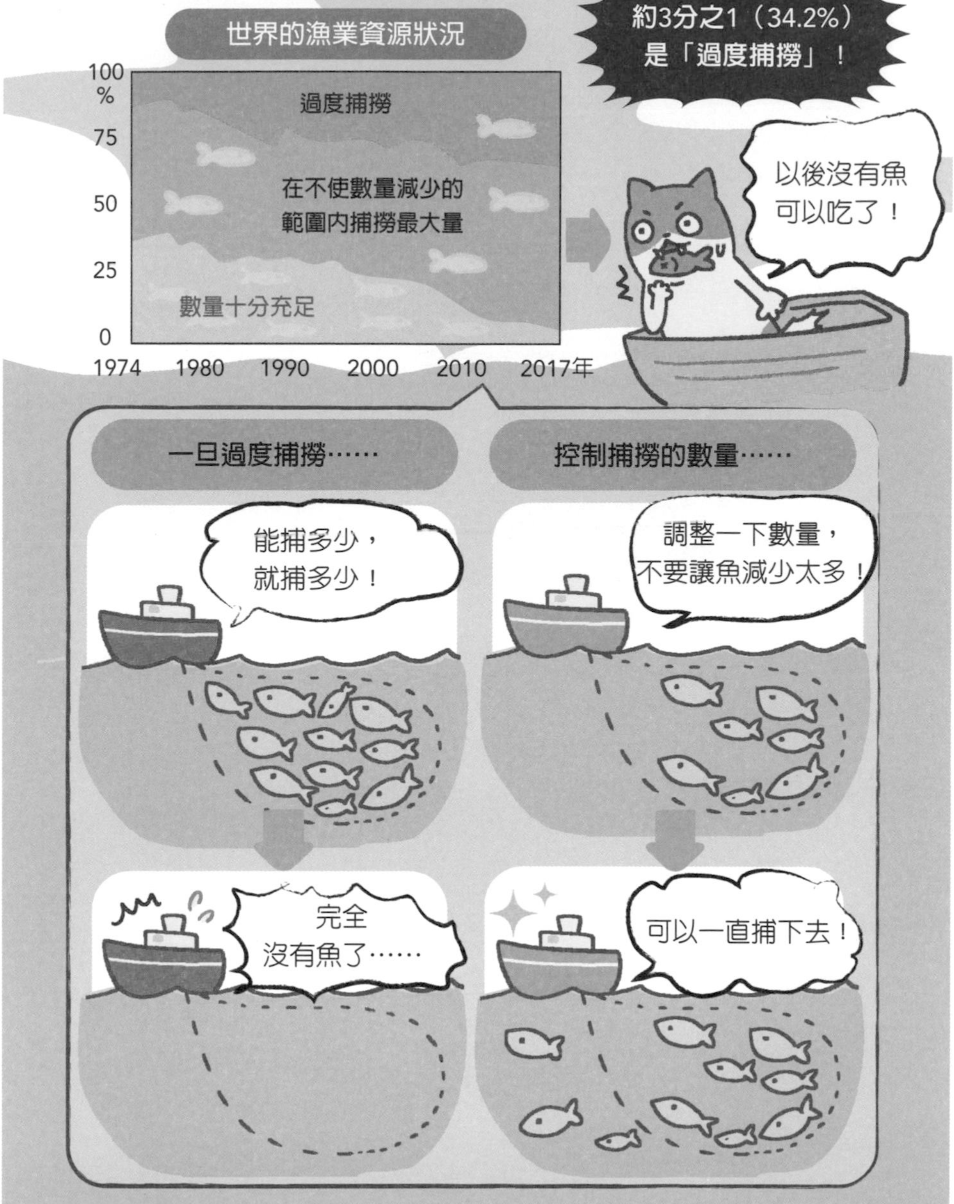

世界的漁業資源狀況
100 %
75
50
25
0
過度捕撈
在不使數量減少的範圍內捕撈最大量
數量十分充足
1974 1980 1990 2000 2010 2017年
約3分之1（34.2%）是「過度捕撈」！
以後沒有魚可以吃了！
一旦過度捕撈……
能捕多少，就捕多少！
完全沒有魚了……
控制捕撈的數量……
調整一下數量，不要讓魚減少太多！
可以一直捕下去！

答案 ❷ 三成

一旦過度捕撈，
海裡的天然魚種可能幾乎都會滅絕。

Q44

每年流進海裡的塑膠數量有多少？

❶ 7座東京巨蛋　❷ 3座游泳池　❸ 100個水桶

塑膠進入海中之後會到哪裡去？
遭到丟棄的塑膠製品
每年流進海裡的塑膠多達800萬噸。
1
塑膠垃圾沿著水管或河川流進海裡。
紫外線
2
紫外線及海浪的力量會讓塑膠變得脆弱，粉裂成碎塊。
直徑5公釐以下的塑膠碎塊，就稱作「微塑料」（Microplastics）。
3
塑膠會變成「微塑料」，被海中的魚或其他生物當成食物吃掉。

出處：聯合國宣傳中心

海裡的塑膠量會超越魚的數量？

2019年發生了這麼一則令人震驚的新聞。一頭鯨魚在菲律賓的海岸擱淺，研究人員在鯨魚的胃袋裡發現了重達40公斤的塑膠袋。

全世界每年約有800萬噸的塑膠垃圾流入海中，相當於7座東京巨蛋。根據專家推估，到了2050年，海裡的塑膠量會超越魚的數量。

塑膠袋、寶特瓶這類塑膠垃圾遭到丟棄後，會因為風、雨的關係落入河中，最後流到海裡。這些塑膠垃圾在海上漂了一陣子之後，會碎裂成非常微小的「微塑料」。海中的魚如果將這些微塑料誤認為食物，吃進肚子裡，就會導致有害物質進入體內。

這種有害物質的濃度會在食物鏈的過程中逐漸提高，當人類吃了從海中捕撈上來的海產，身體的健康也會受到影響。

相關的SDGs目標

12
負責任的消費與生產

14
水下生命

SDGs的推動方向

自備購物袋運動

如今全世界都在設法減少塑膠垃圾的產生量，有越來越多的人在購物的時候自備購物袋，不使用店家給的塑膠袋。隨時隨地思考「怎麼做比較環保」，才能朝著實現SDGs的目標邁進。

5
人類如果吃了魚，有害物質可能也會進入人體。
4
有害物質的一部分會累積在魚的體內。

答案 ❶ 7座東京巨蛋

有專家推估到了2050年，海裡的塑膠量會超越魚的數量。

Q45

在臺灣，必須年滿幾歲才能投票？

❶ 16歲　❷ 18歲　❸ 20歲

參與政治是為了維持世界的公正

每個人應該都曾發生過因為意見不合而與他人發生爭執，或是自己的想法不被他人接受，因而感到沮喪的情況。

面對這種價值觀的差異，靠蠻力無法解決根本的問題，此時我們需要法律來作為依循的規範。

然而發生在現實中的情況可能相當複雜，法律不見得能解決所有問題，更何況法律本身也不見得一定公正。在理想上，一個國家的法律及政策應該要維持公正性，不能有所歧視或偏頗，但實際的狀況卻不見得是如此。

要建立出一套正確的規範，讓社會更加美好，就必須仰賴政治。我們每個人都應該要積極參與政治，對政治保持高度關心，才能實現真正公正的社會。舉例來說，在選舉的時候投下一票，正是表現出「希望讓社會更好」的重要行動。

參與政治的第一步，是瞭解這個世界，明白全世界及自己的國家正在發生什麼事。在臺灣，20歲以上才有投票權。算算看，到了SDGs預計要達成目標的2030年，你的年紀是幾歲？

相關的SDGs目標

16 和平正義與有力的制度

想要打造公正的社會，就要參與政治！

我們20歲了，
去投票吧！

選舉權

年滿20歲的中華民國國民
就可以投票了。

政治的功能

- 當政府或團體的想法、意見、或利害關係發生衝突時，可以設法排解。
- 決定稅金的徵收方式及用途。
- 決定政府及社會的規則。
- 建立及維護社會的秩序。

選出我們的
代表吧！

想要靠政治來
實現自己的理想。

投票是將
自己的想法
反映在政治上的方法。

我要建立一個
百姓能夠安居
樂業的國家！

選出來的議員或官員，
將會代表民眾推動國家或
地方的政治。

如果你還沒有選舉權……

你應該從現在就開始養成
讀報紙、看新聞的習慣，
多接觸社會上的時事。
如果有不懂的事，
可以問父母或老師。

原來發生了
這種事。

為什麼
他們要吵架

答案 ❸ 20歲

2022年時，臺灣首次修憲公民複決「18歲公民權」，投票率僅59%，其中同意率約53%。

\還有這麼多目標沒有達成！/

SDGs達成度排名裡，日本是第幾名？

SDGs小專欄

日本推動SDGs是否順利呢？
以下讓我們來看看SDGs的達成度調查報告。

註：臺灣未加入聯合國，發布VNR，以檢視SDGs成效。

SDGs達成度排名

第1名	瑞典	84.72
第2名	丹麥	84.56
第3名	芬蘭	83.77
第4名	法國	81.13
第5名	德國	80.77
第17名	**日本**	**79.17**
第20名	韓國	78.34
第31名	美國	76.43
第48名	中國	73.89

已經達成的目標

註：臺灣達成目標3「健康與福祉」、5「性別平等」。

還有待加強的重點目標

註：臺灣未達成目標1、7、9、10、13、17，尚有許多不足。

強項是教育和技術，待改進的重點課題是性別平等！

2020年版的世界SDGs達成度排名，日本在166個國家當中排名第17（但如果只看人口在1億人以上的國家，日本的排名是第1）。

但如果看細項，會發現日本達成的目標只有4「優質教育」、9「產業創新及基礎建設」及16「和平正義及健全制度」這3項，尚未達成的目標還是非常多。其中日本特別落後的是第5項「性別平等」，可以看出消除兩性落差是日本的當前重要課題之一。

出處：SDSN、貝塔斯曼基金會（Bertelsmann Foundation）《Sustainable Development Report 2020》

Part

3

SDGs點子與行動筆記本

SDGs與我們的生活息息相關。
讓我們一起來思考，
有什麼是日常生活中能夠做到的事情。

IDEA & ACTION

在家裡就能做到的事情

就算是在家裡，還是能為SDGs盡一己之力，只要稍微在日常生活中花一點心思就行了。除了這邊列的項目之外，你也可以思考看看，自己還能做到什麼？

電視沒在看就要立刻關掉

沒有在使用的電器，就要立刻關掉開關，不能嫌麻煩。除了能夠省下電費，也有助於減緩全球暖化。

相關的SDGs目標

不要讓蓮蓬頭的熱水一直流

洗頭或洗身體的時候，如果讓蓮蓬頭的熱水一直流，1分鐘就會浪費掉12公升的水。必要的時候才開啓蓮蓬頭，才能避免浪費水資源。

相關的SDGs目標

就算是不要的東西，也要設法回收利用

太小的衣服、玩膩的洋娃娃或玩具等等，如果直接丟棄的話，實在是太可惜了。假如還能使用，建議送給別人，或許對方會好好珍惜。

相關的SDGs目標

讓溼頭髮自然風乾

長頭髮如果用吹風機吹乾，會非常消耗電力。建議不要等到睡覺前才洗澡，可以早一點洗，用毛巾擦拭頭髮之後，讓頭髮自然風乾。

相關的SDGs目標

世界上的有趣SDGs行動

吃飯糰讓世界更美好

只要把吃飯糰的照片放在SNS（社群網路服務）或主題網站上，主辦單位就會依照投稿照片的數量，捐贈營養午餐給非洲及亞洲的弱勢孩童。這是非營利（NPO）法人「國際同營膳組織」（Table for Two International）所發起的「飯糰活動」，在2020年共募集了20萬張投稿照片，捐出了90萬份的營養午餐。

IDEA & ACTION

外出時能做到的事情

和家人或朋友一同外出的時候，有很多事情都能夠順手做到。你也來思考看看，有什麼是自己能夠做到的事吧。只要大家一起努力，相信一定能夠改變這個世界。

將座位禮讓給需要的人

如果在車上看見有孕婦或老年人站著，應該讓出自己的座位。幫助弱勢者，有助於打造一個讓所有人都能活得幸福快樂的社會。

相關的
SDGs目標

盡量搭乘大眾運輸工具，不要自己開車

為了減緩全球暖化，應該盡量選擇不會排放二氧化碳的交通工具。例如搭乘公車或電車，不要開自己家裡的汽車。如果距離不遠的話，騎腳踏車也是很好的選擇。

相關的
SDGs目標

思考看看社會上有什麼樣的工作

這個社會上有著許多沒什麼人知道的工作。先查查看有什麼樣的工作，然後思考看看自己長大之後想做什麼樣的工作。

相關的SDGs目標

捐款給推動SDGs相關活動的團體

有許多推動SDGs相關活動的團體，例如對落後國家提供教育及醫療的援助等等。只要積極捐款給這些團體，你也可以成為SDGS的協助者。

相關的SDGs目標

世界上的有趣SDGs行動

一邊慢跑一邊撿垃圾

有一種運動叫做環保慢跑（Plogging），標榜的是一邊運動，一邊清理街上的垃圾，為SDGs盡一己之力。參加者在街上盡情慢跑，看到垃圾就撿起來放進垃圾袋裡。有些活動在結束時會比賽誰的垃圾袋比較重。原本是發源於瑞典的運動，最近在其他地區也開始風行。

IDEA & ACTION

購物時能做到的事情

你是否常跟家人一起到超市或其他的店家買東西？
事實上從進店到出店，有很多舉動能夠為SDGs盡一己之力呢。

購買當地的食材

在當地生產的食材，在當地販賣給消費者的銷售模式，就稱作「自產自銷」。這麼做不僅可以減少運送食材的費用及能源的損耗，而且還可以振興地方經濟，讓地方變得更加活絡。

相關的
SDGs目標

自備環保購物袋

買東西的時候，建議一定要攜帶環保購物袋。只要能減少塑膠袋的量，就能避免海洋汙染及全球暖化現象。

相關的
SDGs目標

只購買自己真正需要的東西

買東西的時候，常常會一個不小心「順便」買了其他不必要的東西。為了減少食物浪費及垃圾量，一定要避免沒有必要的消費。

相關的
SDGs目標

確認食材的生產國家

超市所販賣的魚類及肉類一定會標示生產地，衣服的標籤上也一定會寫出生產國。確認這些商品的生產地點，同時想像一下這些商品是怎麼被生產出來的。

相關的
SDGs目標

世界上的有趣SDGs行動

沒有標示價格，也沒有結帳櫃檯，全部的東西都免費的超級市場

澳洲的「奧茲納維斯特超市」（OzHarvest Market）專門接收一般超市裡即將過期的食品，並免費提供給消費者。不僅能夠減少食物浪費，而且還可以幫助有需要的人。

IDEA & ACTION

在學校能做到的事情

上課的時候，下課和朋友一起玩的時候，吃營養午餐的時候……
在每一天的學校生活之中，也有很多舉動能夠對SDGs有所幫助。

把營養午餐吃光光

你是否會把學校的營養午餐或便當裡「不愛吃的東西」留下來不吃？那些都是辛苦製作出來的餐點，丟掉實在太可惜了。為了避免食物的浪費，一定要改掉偏食的壞習慣。

相關的SDGs目標

發現霸凌，絕對不能漠視

在你的周遭，是否有朋友因為「被說了壞話」或是「遭到排擠」而心情難過？一旦發現類似這樣的霸凌事件，絕對不能視而不見。建議把這件事告訴你所信任的老師。

相關的SDGs目標

鉛筆、橡皮擦之類的文具一定要用到最後

鉛筆變短了，橡皮擦變小了，只要還能用，就不應該丟棄。這些都是以地球的有限資源製造出來的東西，一定要全部用完才行。

相關的SDGs目標

12 負責任的消費與生產

跟朋友討論關於歧視的問題

針對不同國籍、宗教或人種的問題，與朋友分享自己的想法。這有助於提升對多元化的認同，避免因為「跟自己不同」而排擠他人

相關的SDGs目標

5 性別平等

16 和平正義與有力的制度

世界上的有趣SDGs行動

以達成SDGs為目標的高中生團體「50cm.」

「50cm.」是由一群夢想達成SDGs目標的日本高中生所組成的團體。他們標榜的是「在伸手可及的身邊半徑50公分內採取對SDGs有益的行動」，成員們會在SNS（社群網路服務）上投稿自己關於SDGs的想法，也會舉辦線上活動。

IDEA & ACTION

在遊戲中能做到的事情

念書的時候認真念書，玩耍的時候就盡情玩耍。多接觸大自然與動物，與朋友度過一段快樂的時光，也是推動SDGs的重要心態。

不要排擠任何人

要消除人與人或國家與國家之間的不平等，第一步就是不要排擠任何人。如果你發現有朋友遭到排擠，就由你來開口，邀請對方一起遊玩吧。

相關的SDGs目標

如果到海邊或河邊遊玩，就順手把垃圾帶走

海岸上或河岸上的垃圾，不僅會汙染海洋及河川，而且對魚兒也會有不良影響。因此如果看見垃圾，就算不是自己丟的，也幫忙帶走，讓岸邊保持乾淨。

相關的SDGs目標

親近動植物

建議多多走進大自然，與大自然裡的動物及植物多多親近。你將會發現牠們跟人類一樣，也是住在地球上的一份子。

相關的SDGs目標

交一些外國的朋友

想要實現和平且公平的社會，就必須多多瞭解整個世界，不能只把心思放在國內。建議交一些外國的朋友，積極學習各國的文化。

相關的SDGs目標

世界上的有趣SDGs行動

希望能解決海中塑膠垃圾問題的「魚不喜歡吃的垃圾袋」

塑膠袋之類的塑膠垃圾漂流在海中，如果被魚類吃掉，這些物質會囤積在魚的體內，對環境造成不良影響。因此日本神奈川縣洗足學園高中的一群學生們，研發出了一種特殊的塑膠袋，命名為「ENERFISH」，這種塑膠袋含有魚類所厭惡的苦澀氣味，絕大部分的魚就算不小心吃到，也會趕緊吐出來，而且在海中會被分解。

想想看自己能做什麼！

SDGs行動筆記本

讀到這裡，你應該已經明白地球及社會上存在著許多尚待解決的問題。在此，請你試著想想，有什麼是自己能做到的事情。

步驟 1

選擇一個你想要挑戰的SDGs的目標
（如果想不出來，可以參考第14～21頁）。

寫下選擇的理由。
例：「不希望讓美麗的海洋受到汙染。」

你選擇的是哪一項？

↓把號碼寫在這裡！

步驟 2

到了2030年的時候，你的年齡是幾歲？
你希望那個時候的地球是什麼樣的狀況？

例：「我想要在能夠看見一大群魚兒的清澈海洋中游泳。」

步驟 3

你認為應該怎麼做，才能夠實現這樣的願望？可以和家人或朋友討論，自由提出自己的想法。

例：「減少會對海中生物造成不良影響的塑膠。」

步驟 4

有什麼是你自己能夠做到，或是能夠和親朋好友一起做到的事情？把這些全都寫下來。

例：「不要購買過度包裝的零食。」

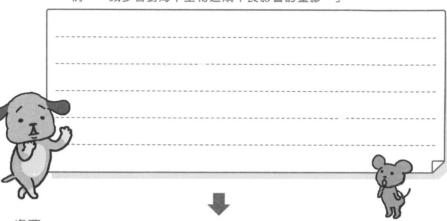

監修者後記——培養SDGs觀念

如今我們的世界，正因為新冠病毒的肆虐，經濟、社會及環境都發生了巨大的變化。在接下來的「後新冠時代」，我們應該秉持的心態不是如何回歸原本的狀態，而是把這件事當成一個契機，將我們的社會重新塑造成更理想的狀態。

聯合國在2015年9月通過了一項以SDGs作為重要議題的決策，命名為《2030年永續發展議程》（The 2030 Agenda for Sustainable Development）。為了要持續推動改革，在未來建立起可以永續發展的經濟社會體制，SDGs可說是引導全世界的重要方針。

這份重要的文書，今後將會持續傳承下去，SDGs將成為每個人心中所不可或缺的世界常識。

日本政府的SDGs推廣本部也發表了《SDGs行動計劃》，將社會五・〇（society 5・0）、地方振興、培育新世代及女性的活躍視為未來

的最重要課題。

要培養出能夠肩負起未來重責大任的新世代人才，最重要的是必須達成SDGs的17項目標中的第4項「優質教育」。未來的課題將會越來越複雜，想要為這個世界帶來變革，就必須集合眾人之力，在實踐中學習成長。

我的專業領域，是推廣及協助以經營的角度來實踐的「SDGs經營」。如今許多企業及組織，都渴望獲得具備「SDGs觀念」，能夠以SDGs為己任，而且能夠靈活運用的人才。

為了讓孩子們能夠確實理解及實踐SDGs，本書刻意避免單方面傳遞知識，而是透過問題的方式，讓孩子們獲得自行思考、自行學習的機會。希望本書能夠成為親子一同學習SDGs的優良讀物，也希望學校的老師們能夠善加活用。

但願孩子們與本書的相遇，能夠實現SDGs目標之一的「優質教育」。

SDGs顧問　**笹谷秀光**

國家圖書館出版品預行編目（CIP）資料

連大人也不懂?SDGs圖鑑/笹谷秀光監修；李彥樺譯. -- 初版. --
臺中市：晨星出版有限公司, 2023.06
面； 公分
譯自：大人も知らない!? SDGsなぜなにクイズ 鑑
ISBN 978-626-320-410-2(平裝)

1.CST: 永續發展 2.CST: 環境保護 3.CST: 問題集

445.99 112002658

大人も知らない!?なぜなにSDGsクイズ図鑑

連大人也不懂?SDGs圖鑑

監　修　笹谷秀光
裝訂、內文設計　喜來詩織（entotsu）
插　畫　藤井昌子
撰文、編輯　岩佐陸生
DTP　LOOPS PRODUCTION
譯　者　李彥樺
審　定　何昕家
企劃選題　陳品蓉
封面設計　高鍾琪
美術編輯　陳佩幸
負責人　陳銘民
發行所　晨星出版有限公司
行政院新聞局局版台業字第 2500 號
地　址　台中市 407 工業區 30 路 1 號
電　話　04-2359-5820　傳真｜04-2355-0581
Email　service@morningstar.com.tw
網　址　www.morningstar.com.tw
法律顧問　陳思成律師
郵政劃撥　15060393 知己圖書股份有限公司
訂購專線　02-23672044
印　刷　上好印刷股份有限公司
初　版　西元2023年8月20日
定　價　新臺幣280元

ISBN 978-626-320-410-2

OTONA MO SHIRANAI!? SDGs NAZE NANI QUIZ ZUKAN
by
Hidemitsu Sasaya